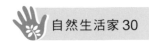
自然生活家 30

MoziDozen

木子到森的
木質手感生活

WOODY FEEL
LIFE

李易達 MoziDozen———

著

晨星出版

作者的話

　　能夠自己動手製作生活中所需的物品，是最快樂的，這是我開始接觸木工後，慢慢體會出的心情。讀書時主修的是機械和模具，原本打算製作一些會動的有趣機構，然因學校的機械大多是大型金屬加工機具，課程又以理論爲主、實務爲輔，使得在這環境下遲遲不知該如何實行計畫。後來決定取用較容易加工的木材來製作作品，於是買了桌上型的線鋸機和鑽床，在家裡的空房間開始了自學木工之路。

　　對於當時還是木工生手的我來說，操作桌上型機具並不如想像中那麼令人感到恐懼，這些機具所發出的聲音就像是縫紉機般，因此我很快地就上手了。一開始用的是建材行販售的抽屜板，爲厚度約 1cm 的平整木板，買回家後不需處理就能直接使用，很適合利用線鋸機來切割形狀，若要厚一點的木頭，就將兩、三片抽屜板膠合起來使用。

　　除了原本想要製作的機構外，我開始嘗試製作一些桌椅、燈具等器物，雖然擁有的工具有限，但透過一顆自由的心，嘗試以各種方式製作一件作品，每當完成一個作品，就如同學習了一個新的技巧，如此慢慢地一步步累積實力；同時我也閱讀國外的木工雜誌、網路影片來增進木工操作技巧，以及各種機具的使用方式，再依照需求添購工具和機器，增加能夠製作的範圍。

　　當我還是學生的時候，從沒想過將來會成爲一位木工職人。當兵時，某次收假坐在火車上，想著要製作一個可帶在身邊的木製品，談到身上的木製品可能會先想到飾品，但我平時不戴那些物品，於是想到了筆。利用機械常用的螺絲作爲推進筆芯的機構，完成了第一件屬於自己的原創作品；而身邊的朋友也相當支持，紛紛購買了我製作的原子筆，於是促使我決定在退伍後創立一間工作室。

　　我的第一間工作室在高雄成立沒多久後，很快地面臨了資金的問題，於是後來搬到台南和朋友合租了一間老屋從事創作，也在這時候

開始接觸到老屋拆除後剩下的舊木料。這些散發著木材香氣的台灣檜木所製成的木門窗，讓我認識了木材的美與珍貴。拔除舊木料上的釘子，刨除舊木料上的漆之後，裡頭細緻的木紋得以重見，也因這些素材並不是隨時都能找得到，且每塊舊木料的出處和產地皆不同，氣味和紋路也各有特色，以至於在每次使用時我都會格外珍惜。而隨著每次切下一段木料來創作作品，看著木料逐漸變短直到耗盡，當偶然間蒐集到相同氣味的木料時，心裡會產生如同老友重逢的感覺。

在創作之餘，我有時會開設短期的木工課程，通常是三個小時左右完成一件作品，對象是完全沒接觸過木工的人，過程中我扮演著如同地圖的角色，在學員進行創作時指引方向。我希望透過這本書，能讓對木工有興趣的人可以從最少的工具，最簡單的項目開始循序漸進，慢慢地認識木頭、認識各種工具的使用方式與時機，最後享受並沉浸在木工創作的樂趣中。

如果你也像我一樣自己摸索木工，請不要害怕挫折，每做一件作品，就像是上一堂課，慢慢累積經驗，從網路影片或是書籍去認識各種技巧，平時逛逛五金百貨，看看有哪些零件可以應用，在木工的領域內沒有絕對的對錯（在安全的範圍內），不要害怕嘗試，答案由自己決定。

最後，要感謝協助我完成這本書的所有人：負責所有聯繫、攝影、校稿的太太 —— 薇婷、這次的編輯 —— 晨星出版社的裕苗、台南市民權路上的建新行老闆協助場地拍攝，及兩個可愛的女兒總是給我關於家的物件、溫暖的靈感。

李易達

目錄

因需要而被創作的開始

　　這本書的出版，從我們夫妻倆還是單身到現在有兩個女兒，有自己的家，總覺得這樣的安排很巧妙。在有了孩子之後，家的樣貌變得不同，然而我們待在家裡的時間卻拉長許多，使用家裡物件的次數也變得更為頻繁。

　　在開始討論、排定製作項目的過程中，我們回頭觀察在我們生活裡自製的手作物及使用情況，像是在我們工作桌面上的檯燈，從造型設計到木料選擇，製作中所遇到的困難、思考如何解決等，到完成後為它抹上一層保護漆，將它擺放到桌面參與我們的日常生活。過程中，我們經歷了它的誕生，一直到完成後開始加入生活空間裡，這之間產生了微妙的平衡，有別於使用其他購買來的物品。於是，我們開始思考，生活的物件這麼多，該如何讓大家都能夠以簡單的方式來體驗木作的樂趣，甚至是開始使用自己製作的木製品，享受它所帶給我們的溫潤及滿足。

每一件手作物的價值都來自於製作它們的人，因爲每個人都是獨立的個體，其所製作出的物件絕對是獨一無二的，無論是細緻的、溫潤的、粗獷的、俐落的等，因爲每個家裡使用的不同需求而有不同的質地，大的、小的、直的、彎的……，每一件手作物都因此而有自己的樣貌。

　　我們期望能夠透過這本書提供大家製作的方式與方向，讓大家創作出屬於自己樣貌的木作物，也享受它們爲自己的生活所增添的些許溫暖。

　　與大家分享手作的美好。

CHAPTER 1

著手前
的準備

如果將木工比喻成繪畫，每個工具就像是各色的顏料或是畫筆，搭配在一起可以調配出新顏色或是創造新的風格，即使只有一種顏色及一支畫筆，也足夠進行創作，但擁有更多色的顏料和畫筆，在創作時會更為方便迅速。

一開始該買哪些工具呢？其實沒有一定的標準答案，必須依照個人喜好做選擇。比如說，喜歡做家具的人一開始就不應該選擇桌上型的線鋸機，但喜歡做小東西的話，線鋸機則是必備的。心中有了初步的方向，這樣才好做決定。

不論是做家具或是做小家飾，鑽孔是最常操作的加工方式，因此，電鑽或是鑽床可說是必備。兩者的目的同樣都是鑽洞，電鑽可以提供比較不受限制的鑽孔角度及位置，而鑽床則會受限於機台本身的尺寸，被加工的物件如果太高，或是鑽孔的位置處於板材中心，就有可能會擺不上鑽床，但鑽床的優點是能毫不費力並精準地鑽孔，特別是垂直的孔。

對於喜歡製作家具的人來說，圓鋸機和帶鋸機可說是必備工具，但在一開始可不必一次備齊。建議可先從噪音和危險性較低的帶鋸機開始，漸漸習慣操作機器的感覺後再使用圓鋸機。若以兩者的功能做考量，圓鋸機或帶鋸機都能處理5cm厚的木料（家具中尺寸最厚的桌椅腳大多在5cm以內），不過在安全使用的情況下，圓鋸機只能用平整的木料靠著導板切直線，帶鋸機卻能在不規則形狀的木頭上切曲線，但會被喉部深度影響能夠切削的最大尺寸。雖然兩者都能調整切鋸的角度，但以初階的機種來說，請不要對它們的精準度有任何期待。若是以工作內容來說，圓鋸機會負責大部分材料尺寸的處理，然後再到帶鋸機切外型。若預算只能擇一，就必須仔細考慮想要製作的類型是什麼。

對木工陌生的讀者們來說，每個人感興趣的製作項目都不同，剛開始需要的工具因而也有些許差異，然而電動工具只是能幫助我們更快速的製作出想要的成果，其實不插電的工具僅是比較費力而已，但同樣都能創作出傑出的作品。您可參考本書的示範，從簡單到複雜，循序漸進慢慢地瞭解各種工具使用的時機，便能找出適合自己需求的工具囉！

1. 鐵鎚
釘釘子時會需要它。

3. 拔釘器
利用槓桿原理拔除釘子的
工具。

5. 刮刀
可以刮掉舊木料上的矽利
膠或是油漆。

2. 斜口鉗
平常用來剪斷電線，但使
用在拔釘子時也很便利。

4. 銅刷
刷除舊木料上的灰塵，或
在木材表面刷出陳舊感。

6. 螺絲起子
通常只需要十字起子來轉
螺絲，一字起子可以用來
拔除釘子。

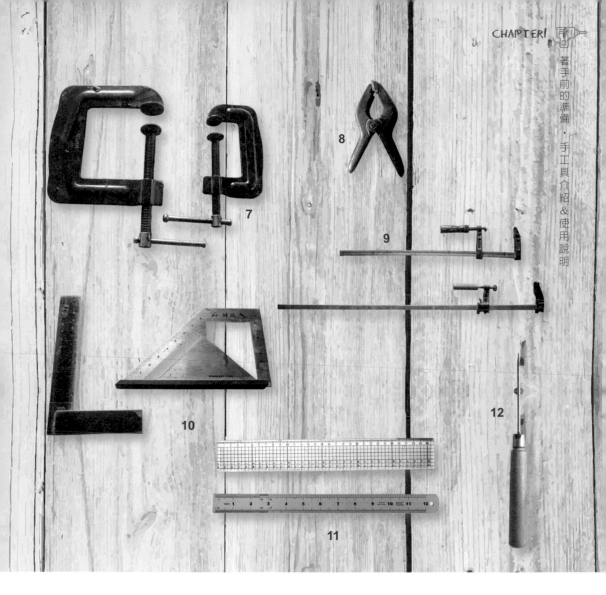

7. C 形夾
膠合時需要的工具,為了避免夾傷工件,可以墊張砂紙或是小木塊。

8. 彈力夾
利用彈簧的力量夾緊需要膠合的地方(適合用在小零件的膠合),但力量不如 C 形夾和 F 形夾。

9. F 形夾
通常用在像是桌面板等大尺寸物件的膠合。

10. 角尺
用來確認垂直度的量具,可以準備兩支不同款式的角尺,擺在一起確認彼此的精準度。

11. 直尺
帶有方格的透明直尺可以很方便地畫線,鐵尺可以用在透明尺不容易讀取數字的時候。

12. 錐子
在鑽孔的位置上先用錐子戳出一個小凹痕,能夠幫助鑽頭定位。

13. 角度規
可以用來測量、複製角度
及畫線。

14. 游標卡尺
測量尺寸最精準且最方便
的工具，能夠測量內徑、
外徑和深度。

15. 鑿刀
用來鑿木頭的工具，能用
手施力或用木槌敲。

16. 雕刻小刀
刀刃比一般美工刀厚，能
施更大的力量削木頭。

17. 折合鋸
使用五金行販售的鋸子就
能製作本書的內容，對
木工熟悉了再換更好的鋸
子。

18. 捲尺
如果不會拿來測量房子坪
數，選擇小型的捲尺會比
較方便攜帶。

19

21

20

22

23

19. 鉛筆
我習慣使用自動鉛筆,因為畫線時可保持一致的粗細。

20. 圓規
除了畫圓以外,也能用半徑平分圓周來畫正六邊形。

21. 手搖鑽
通常可以裝 6mm 以內的鑽頭,使用時慢慢旋轉手輪即可。

安裝或拆卸鑽頭時,左手握住手柄,大拇指扣住手輪,右手以順時針或逆時針方向旋轉夾頭。

22. 木工膠
雖然也可以使用白膠代替,但專業的木工膠黏著力更大,且具防水功能,重要的結構部位需膠合並夾緊 24 個小時。

23. 砂紙
可以只使用粗、細兩種,分別是 120 號及 240 號,粗的可在造型時使用,例如磨圓角,後續再使用細砂紙讓表面摸起來質感光滑。

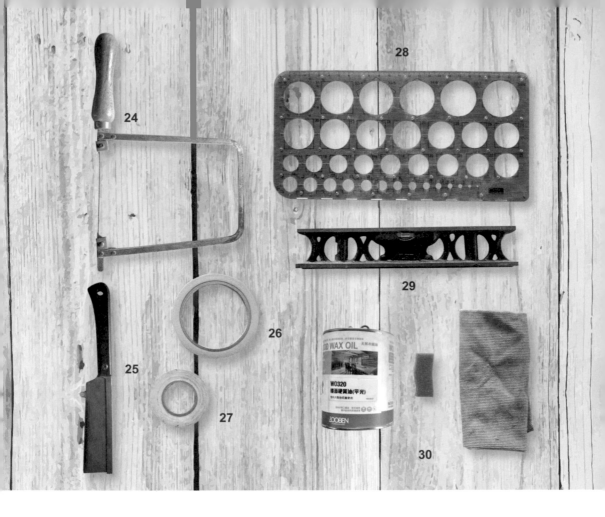

24. 弓形鋸
安裝鋸條時，要先將弓抵
住桌面並下壓再鎖緊鋸
條，以讓鋸條有張力。

26. 雙面膠
用來暫時固定工件與樣
板。

29. 水平尺
製作桌子或層板時會需要用到的量
具，觀察玻璃柱內的氣泡是否在中
心點以確認水平度。

25. 夾背鋸
鋸身只有 0.3mm 厚，為
了保持鋸子的強度，在鋸
背上以金屬加強固定，適
合處理精細的切割。

27. 電氣膠帶
可於鑽孔時貼在鑽頭出口
處，以避免木料撕裂。

28. 洞洞尺
便於畫圓形的尺。

**30. 上漆用品（漆、海綿、擦
拭布）**
木工專用的保護漆，能夠很便利地
操作，即使是新手也能輕鬆把漆上
好，用海綿沾漆並塗在工件上，最
後用乾布擦拭乾淨即可。上漆前請
參考漆料的使用說明。

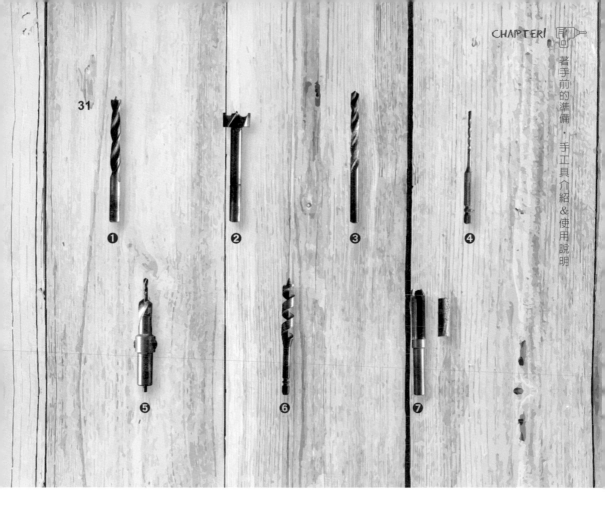

31. 鑽頭

鑽頭有很多種類，主要差異在於尖端的構造，使用時機則視情況而定，最常使用的是一般木工鑽頭。

❶木工鑽頭

最前端有一個尖點，利用這個尖點在鑽孔時協助定位。市售的鑽頭尺寸通常以 1mm 為間距。

❷取空刀（或稱取孔刀）

如果需要鑽 2cm 以上的孔，可以選這類型的鑽頭，價格較便宜。

❸金工鑽頭

尖端是一個鈍角三角形，用來鑽木頭容易產生定位的誤差，但好處是市售的鑽頭尺寸以 0.1mm 為間距，可以用在需要緊密配合的場合，例如 5.9mm 的鑽頭可以用來配合 6mm 的木棒。

❹水泥鑽頭

電鑽調整到震動模式時（通常是鐵鎚的符號）可以鑽水泥牆。

❺沙拉刀

一次能鑽兩個尺寸的孔，在使用螺絲釘時的鑽孔很方便。

❻小林式鑽頭

前端有螺紋，使用電鑽或手搖鑽時可不用費力往下壓就能鑽孔。使用鑽床時應避免使用此類鑽頭。

❼取木塞刀

鑽孔後會留下一個圓木棒，有多種尺寸。

32. 個人護具

長時間使用機器工作時可佩戴隔音耳罩，像平鉋機這類聲音很大的機器，若沒有配戴耳罩可能會感到不適。另外，可依照工作量來選擇口罩，例如使用鋸子時，佩戴一般的活性碳口罩即可；使用機器砂磨時，佩戴半罩式的木工專用口罩，用來防護砂磨時產生的細小木屑。使用容易噴濺木屑的機器時應佩戴眼罩，例如圓鋸機和車床。須格外注意的是，在操作機器時通常不佩戴手套，以免捲入正在運轉的機器中。

33. 虎鉗

通常與鑽床搭配使用，不方便手持的零件夾緊後能確保穩固，讓鑽頭不容易滑開，鑽孔更精確。

34. 工作台虎鉗

可以安裝在工作桌下方，將工件夾緊方便工作。

35. 電烙鐵、焊錫

插電後產生的高溫能夠熔化焊錫，讓電線和電子零件互相焊接在一起。

二 | 電動工具介紹&使用說明

使用電動工具前應仔細閱讀使用說明，或向銷售人員詢問使用方式，並遵守安全使用規範以避免受傷，更換零件時切記先將電源插頭拔除。

修邊機

噪音：★★

修邊機的功能很像是機械加工中的銑床，只不過需要手持來操作，如果要精準地切削，可以搭配各種刀具或輔具來達成。這裡介紹一些修邊機常見的刀具，修邊刀有各種形式和尺寸，也可以訂製自己想要的外型。

圓角刀
前端有一個培林（軸承），能夠沿著工件的邊緣前進，將直角的邊緣切削成圓角。

T形刀
前端的培林（軸承）限制了它的切削深度，能夠切出一條平直的溝槽。

鳩尾榫刀
可以切削出一條三角溝槽，需要搭配靠板（如P.174）使用。

直刀
能切削出方形的溝槽，可搭配導軌或導環使用。

圓頭刀
能夠切削出圓形底部的凹槽，可搭配導軌或導環使用。

圓弧清底刀
能夠切削出平直的底部，而兩端是圓弧的凹槽，可搭配導軌或導環使用。

後鈕刀
在刀口尾端有一個培林（軸承），適合搭配樣板來切割出特定形狀的凹槽，很適合用來挖深時使用，例如本書作品中的時鐘。

前鈕刀
在刀口前端有一個培林（軸承），很像是後鈕刀，但使用時機不同，通常是用來沿著樣板的外型修整一片薄木板。

裝卸刀具時使用兩支板手來完成。

導環
導環有各種孔徑能搭配不同尺寸的刀具，使用時需計算修邊刀的寬度和導環口的外徑差來確認實際的切削位置。

使用時將底部貼平工件表面。

修邊機除了手持使用外，也常會將它倒裝在桌面下來使用。市面上有販售鋁製或壓克力製的修邊桌，您也可參考以下方式自己動手製作喔！

首先，將修邊機外殼底部的塑膠板拆下。

利用塑膠板上的螺絲孔，在桌板上畫好記號。因為修邊桌很講究精度，所以桌板必須選用平直的木板，厚度必須承重後不會變形為佳。

在桌板鑽好螺絲孔和修邊刀的出口。螺絲要額外購買，因為螺絲頭必須埋入桌面下，可以選擇用內六角螺絲。

將修邊機外殼鎖上桌面即可。為了方便使用，可以再多單買一個外殼來做成修邊桌喔！

為了節省空間，我將修邊桌放在圓鋸機的延伸桌面內，也可以自製桌腳。

噪音：★

電鑽是最基本的電動工具，除了在木頭上鑽洞或鎖
螺絲外，也可搭配水泥鑽頭在牆上鑽洞，業餘使用
上只需要基本功能，依照預算選購即可。

使用內附的板手來更換
鑽頭。

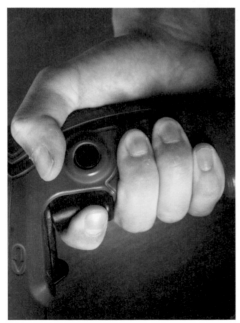

通常電鑽能靠手指按
壓板機的力道來控制
轉速，試著掌握控制轉
速，才不會在用它鎖螺
絲時發生空轉造成螺絲
頭的磨損。

裝上十字頭就能
鎖螺絲了。

震動砂紙機

噪音：★★

震動砂紙機有兩種類型，一種是底部呈方形的，只有震動功能，還有另一種底部呈圓形，能夠旋轉打磨，效率較高。選購時可考慮砂紙的費用，一般方形震動砂紙機使用的是四分之一張砂紙，可以自行裁切，而圓盤砂紙機則必須購買專用砂紙，成本約一般的四倍。

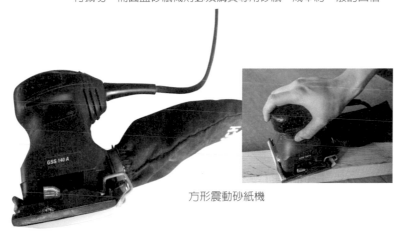

方形震動砂紙機

安裝砂紙的方式，先將砂紙插入前方的夾子內，再拉平砂紙塞入後端的夾子。

圓盤震動砂紙機　　　　圓盤砂紙機是用魔鬼氈來黏貼砂紙。

手持砂輪機

噪音：★★★

手持砂輪機能安裝多種不同用途的砂輪片，可以切割金屬或木頭，
也可以替舊木料去漆，不過粉塵會很多。以初階的木工製作來說，
除了用來去漆外，並不會經常使用手持砂輪機。

按住主軸固定鈕後，使
用內附的板手鬆開螺帽
即可更換砂輪片。

不同功能的砂輪片。

使用時雙手拿穩，以傾
斜的角度利用砂輪片的
單一側來磨掉舊木料上
的漆。

TOOLS 5　手持線鋸機

噪音：★★

手持線鋸機可搭配不同的鋸條，用來切割木頭或金屬，適合在大片的薄木板上切割曲線，但切面需要費心砂磨。

使用時應注意鋸條和桌面要保持適當距離。

使用內附的螺絲起子來更換鋸條。

先在木板上鑽一個大小足夠鋸條能穿過的孔，就可以在木板上切割出鏤空的效果。

TOOLS 6 線鋸機

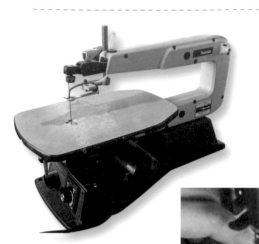

噪音：★

製作小物件時，線鋸機是最方便的工具，可依照材料的厚度選擇不同齒數的線鋸條，一般通常以 3cm 厚的木料為限。

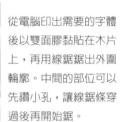

從電腦印出需要的字體後以雙面膠黏貼在木片上，再用線鋸鋸出外圍輪廓。中間的部位可以先鑽小孔，讓線鋸條穿過後再開始鋸。

TOOLS 7 圓鋸機

噪音：★★★★

如果不是專門處理夾板的話，可以選購桌上型的圓鋸機會比較節省空間，因為是經常會使用到的機器，建議挑選比較好的品牌。由於鋸片旋轉速度非常快，若使用不當可能會遭受嚴重傷害，操作上請多加留意。

可以自製推板協助推進木料，避免讓手靠近鋸片。

TOOLS 8　車床

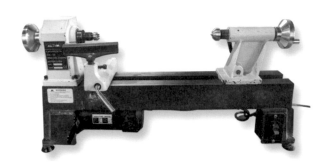

幾乎每次使用前都
必須磨刀，所以必備
一台砂輪機來磨刀。

噪音：★

除了能車製碗、盤、花瓶等物件外，熟悉後也能製
作各種零件。初學者購買小型的桌上型車床即可，
並搭配一台磨刀用的砂輪機。固定好工件後，調整
刀架的高度，讓刀口能對準軸心進行切削。

剛開始可以先用數支
一組的車刀來練習，
再依照需求購買質料
更好的車刀。

TOOLS 9　砂帶機

噪音：★★★

砂帶機是我最常用的機器之一，它能很直覺地
將木料造型成預想的樣子，由於是以砂磨的方
式加工，所以不會有像是帶鋸機或圓鋸機加工
後木頭纖維被撕裂的情況出現。初學購買桌上
型的砂帶機就已足夠。砂磨時會產生大量粉塵，
需搭配吸塵器使用。

強烈建議將砂帶機旋
轉90度後使用，再
自製一個跟砂帶垂直
的桌面當作基準面。

25

10 帶鋸機

噪音：★★★

可以把帶鋸機想像成是更大一點的線鋸機，但由於鋸條是環形的，無法像線鋸一樣切割木料中心。通常用來切割線鋸機無法處理的厚木料，或是將材料剖半。

Tips. 在切割圓形的木料時，應注意加固木料，避免圓形的木料被鋸條帶動旋轉造成危險。

11 切斷機

噪音：★★★

能夠快速切斷木材的機器，可以調整各種角度，初學者購買最低階的機種即可。

TOOLS 12　平鉋機

噪音：★★★★★

當需要將木板鉋平或鉋到一定的厚度時使用，例如用帶鋸機將木料剖半後，可再利用平鉋機將粗糙的表面鉋平整。

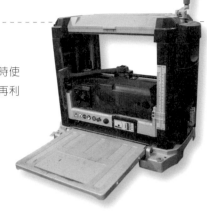

TOOLS 13　圓盤砂紙機

噪音：★

比砂帶機更適合處理小面積的磨平，在重要的膠合處可以先用它來處理。由於砂紙是黏貼式的，一旦撕掉就無法再使用，而且更換砂紙需將機器拆開，因此建議使用 100 號的砂紙比較耐用。

TOOLS 14　鑽床

噪音：★

鑽床是很常用到的機器，可用來鑽垂直的孔，一般來說桌上型的小鑽床就很夠用，反而是擁有的鑽頭種類和數量比較重要。

鑽孔時若需鑽穿木板，在木板下方額外墊一塊平整的木板，可以防止木板下方的纖維被撕裂。

新木料

本書介紹了利用各種木材來製作用品的範例，從公園撿拾的樹枝，到建材行購買的角材，讀者可以逐步練習，慢慢熟悉不同木材間的特性與手感，找出適合自己使用的木材。

工具還不夠齊全，沒有帶鋸機或圓鋸機可備料時，建議可從網路上搜尋有代客裁切服務的廠商，就能訂購到已經打磨處理好的材料，在收到材料後您僅需裁短或鑽洞等加工。廠商裁切時通常會多預留長度給顧客，有時會遇到尺寸上有所誤差，或是木材乾燥後產生變形，因此在訂購時需多多留意。

從網路上可以找到許多南方松的賣家，通常會有全台灣的運送服務，經過防腐處理的南方松適合運用在戶外的木作上，例如木棧道、桌椅、花棚等等，並有標準的規格尺寸，訂購時確認好需要的寬度以及總長，用鋸子和電鑽就能製作出各種簡單的戶外家具。

住家附近若有建材行或木材行，不妨進去找找有什麼樣的木材可供選擇，裡頭會有各種厚度的夾板，適合拿來做桌面或層板，也會有可用來做桌腳或其他結構長條形的實木角材。先問問看各種材料的尺寸，再回家丈量計算所需長度，通常一根角材有 3m 長，謹慎分配可以節省材料。若是去到歷史悠久的建材行，還能找到復古的五金零件與作品搭配，並從老闆那兒學習到不少寶貴的經驗喔！

　　當有足夠工具和經驗處理大塊的木料時，可以從製材廠或木材進口商購買各種木料，選擇性也相當多，通常以材積（1寸×1尺×1尺為一單位）做為定價的標準。您可以只購買少量的木料，但若再加上運費會很不划算。常用的進口木料有深色的胡桃木、柚木和淺色的橡木、楓木等等，可以每種都使用看看，從中認識它們的特性。

　　不論是從哪裡取得或回收的木料，只要花費心思和創意，都能將它們轉變成很棒的作品喔！

胡桃木
深紫色的木頭，上漆後顏色會變得很深。木材軟硬適中，適合各種加工。

橡木
木質稍硬，鋸開後會稍微變形，需要有足夠的工具來加工處理。

山毛櫸
淺色的木頭，有著像下雨的小斑點，木質稍硬，鋸開後容易變形，需要有足夠的工具來加工。

柚木
深咖啡色的木頭，軟硬適中，容易進行各種加工。

楓木
顏色接近米白，木質稍硬，需要有足夠的工具來加工。

舊木料

　　若一開始想要先蒐集舊木料，則需要一點運氣和緣分。舊木料的來源通常是老房子拆除或整修時，向屋主或拆除工人購買木造的門框和窗框，或是尋找當地的舊貨集散地和回收場，可能也會有舊木料的蹤跡。一般來說，舊木料會以秤重的方式販售，不同尺寸的舊木料每公斤價格也會不同，越大的單價會越高。雖然舊木料有很多釘子或是塗漆，但經過整理後您會發現它獨特的美。

 準備工具：手持砂輪機、震動砂紙機、拔釘器、斜口鉗、薄鐵片、夾背鋸、鑽床及鑽頭、木工膠、鐵鎚、小螺絲起子

這次準備的層板材料是從舊櫥櫃拆下來的，表面有著陳年的乳白色油漆和污垢。

首先使用手持砂輪機，安裝 80 號的砂磨片將漆磨掉，若使用一般的砂紙來磨漆，漆料會很快地就把砂紙縫隙填滿而無法使用。

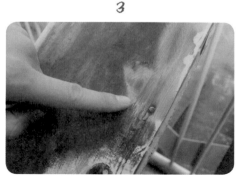

舊木料裡通常會藏有很多釘子，一旦發現，就趕緊把它拔除吧！

由於完全埋入木料中的釘子無法使用拔釘器拔除，所以會用斜口鉗將釘子周圍挖開。

5

輕輕地夾住釘子，並在斜口鉗底下墊一片薄鐵片，避免施力時把木板壓傷。利用槓桿原理把釘子撬出來。

6

若是有釘穿的釘子，可以用小螺絲起子頂著釘子從背面敲出來。

7

處理完釘子和油漆後，最快的方式是利用平鉋機整平，其次是用手持砂輪機（俗稱戰車）來磨平表面。

8

如果有比較大的釘子孔，可以用鑽床在釘子孔的位置鑽一個洞，再用同尺寸的木釘加上木工膠補滿。

9

等木工膠乾了之後，再用鋸子將多餘的木釘切除。

10

處理完成囉！

CHAPTER 2

獨一無二
的食器

木碗

飯匙

1

木籤

家裡的花園種著一棵我很喜歡的樹，綠色的葉子襯著像炮竹般的紅花，利用從它身上修剪下來的樹枝，以小刀削成實用又環保的木籤吧！

材料

一段乾燥的樹枝

工具

夾背鋸、小刀、木板（避免傷害桌面）、上漆用具

1

用鋸子將樹枝鋸成約 **10cm** 長。

2

使用小刀時請特別小心。可以利用輔助手（左手）大拇指的力量往外推，這樣比較能控制每一刀的深度和長度。

3

過程中請感受木材的紋
理，認識手中的材料。

4

可以一邊旋轉樹枝一邊削，均勻的削出尖端。

5

完成了！

6

您也可以嘗試不同的樣式。

7

準備上漆吧！用海棉沾些漆擦在木頭上。

8

接著用乾淨的布擦拭。

9

上過漆的木材顏色會比較深。等待乾燥後就可
以使用了。

可以上桌囉！

MOZIDOZEN
FINISH
HAND MADE

後 記
· WOODY ·

像這樣利用身邊的天然材料來製作器物，更能體會人與自然間
的關係，每一條木紋都代表樹木一年的成長，我們應該珍惜它們，
善用每一份材料。

2

筷架

試過用小刀削出木籤後，來挑戰更需要專注力的筷架吧！雖然只是削出一個凹槽，但對於認識木紋的方向有很大幫助，使用小刀時請注意安全，因為筷架很小，不易握持，建議利用長條形的木料來製作，避免意外傷害。

實木木條（長 20 cm× 寬 2 cm× 厚 2 cm）

鉛筆、小刀、砂紙（120 號、240 號）、折合鋸、
上漆用品

1

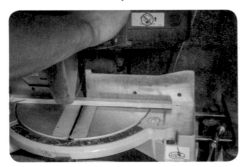

首先切一段約 20cm 長的木條（可改為用鋸子
鋸下）。

2

在木條的中間畫上預計製作的筷架尺寸。剩下
的兩端是為了讓手更好握持。

3

 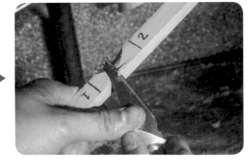

開始用小刀削木頭吧！因為木紋走向的關係，可以分為兩個方向來削，若削到覺得卡卡的，就換另一
個方向來削吧！

4

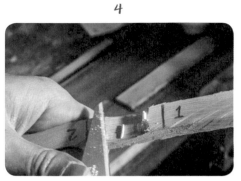

從兩側開始,慢慢往中間削。

5

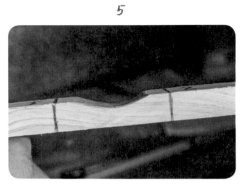

在筷子放置的位置,削出足夠的深度。

6

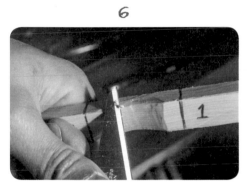

將邊緣的銳角削圓吧!

7

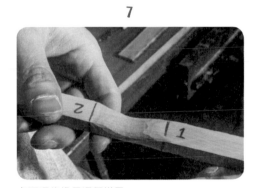

處理過後像是這個樣子。

8

利用鋸子將筷架鋸下來。

9

鋸下來後開始準備砂磨囉!

10

首先可取 120 號的砂紙粗磨，再換 240 號的砂紙細磨。若要將兩個端面磨得平整，就得靠著桌面磨。

11

在圓弧處，可將砂紙捲起來，利用此弧度來磨。

12

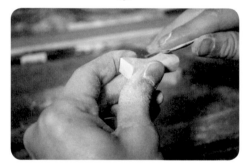

接近邊緣的地方也別漏掉喔！

13

若因為筷架很小不好拿的話，可靠在桌上，如此一來會比較穩喔！

14

粗的和細的砂紙磨完後，整體看起來應該要很平滑，沒有刀削的痕跡。

15

用海綿沾一點漆，準備幫筷架上漆。為了避免端面有吃油的色差，先從這裡開始上漆。

16

其他部位也要一併上漆。

17

最後用乾布將多餘的漆料擦去。為了避免塗料厚薄不均，上漆步驟可重複兩～三次。

MOZIDOZEN
FINISH
HAND MADE

後　記
WOODY

　　砂磨前和砂磨後的感覺是不是差很多呢？整體感覺起來更精緻有質感了，用砂紙細細地處理表面，是我最常用的技巧，能讓作品看起來更為溫潤。砂磨過程中也能思考很多事情，讓我們在製作過程中和自己平靜地相處吧！

3

拼圖杯墊

線鋸機是最基本的造型加工工具機，能切割出各種曲線造型，靈活運用就能變出許多花樣，來試試看製作一個拼起來是鍋墊，拆開來是杯墊的拼圖吧！

木板（長 9 cm × 寬 9 cm × 厚 1cm）4 片、
一段相同厚度的木條

工 具

鉛筆、直尺、與木片同樣厚度的木條、砂紙、線鋸機、
雙面膠、震動砂紙機

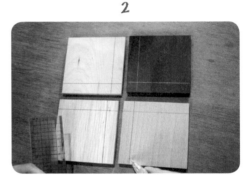

1

將 4 片同樣厚度的方形木片排列在一起，旁邊
放置一段同樣厚度的木條。

2

在木片相鄰的邊上畫上寬 1.5cm 的鉛筆線；這
是拼圖凹凸曲線的邊界。

3

從左側兩塊木片開始作業，先在左上木片的下
邊黏貼雙面膠帶。

4

接著將左下木片貼齊左上木片的鉛筆線位置，
並同樣也在木條貼上一段雙面膠帶。

5

將黏貼有雙面膠帶的木條放置在左下木片邊緣。
木條的功能是讓它們在鋸切時能保持平穩。

6

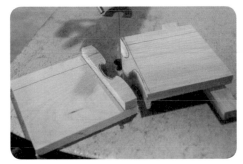

在鉛筆線的邊界內畫上拼圖的線條。

7

用線鋸機沿著拼圖的線條鋸開，此動作最重要
的是一氣呵成，即使無法完整地沿著鉛筆線鋸
切，也要使切線滑順才會好看。切割時請小心，
不要讓兩塊木片分開了。

8

鋸開後可以發現上下兩片的切線是完全一樣的。
將它們拆開後並撕掉雙面膠帶。

9

右邊兩塊木片也以同樣方式操作。

10

切開後，用雙面膠帶分別黏住左、右邊的兩塊
木片，並在鉛筆線記號上黏貼雙面膠帶。

11

把四塊木片黏貼妥當後，再將木條黏貼在其下
方。黏好後畫上拼圖的造型。

12

沿著鉛筆線一口氣把它們鋸開吧！

13

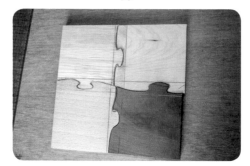

鋸開後，撕掉殘留的雙面膠帶，就可以將它們
組合在一起了。

14

利用震動砂紙機將鉛筆線磨除。

15

接著用 240 號砂紙將拼圖的邊緣磨圓。

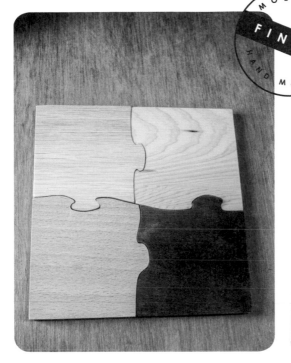

MOZIDOZEN
FINISH
HAND MADE

後　記
WOODY

　　若是大尺寸的木片，雖然能直接做出完整的拼圖鍋墊，但卻失去了製作的挑戰性，在構思下一個作品時，想想手邊的工具還能變出什麼花樣吧！

4

飯匙

家裡如果有些木工的工具，部分生活小物就能自己製作了。這次用家裡整修後拆下來的檜木門片製作一個飯匙，主要使用的工具是我最常操作的砂帶機，它能很直覺地幫助我們造型。照片中的砂帶機是我存好久的錢所升級的專業機型，但一般小型的桌上型砂帶機就已足夠。砂帶機是很方便的工具，但缺點是會製造大量的木屑粉塵，請務必戴上口罩，並在木屑噴出的地方放置一台吸塵器以降低木屑的飄散。

實木木片（長、寬依照所需準備，厚度約 1cm）

鉛筆、折合鋸、砂紙、C 形夾、弓形鋸或線鋸機、
砂帶機（或鑿刀）、震動砂紙機、上漆用品

1

材料大約選擇 1cm 厚的實木片，請注意不要選
到夾板來製作囉！

2

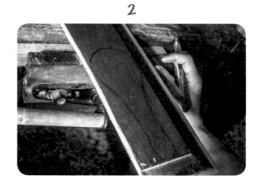

在木片上用鉛筆畫出飯匙的大略形狀，沒有對
稱也沒關係。

3

用折合鋸把需要加工的部分鋸下來。

4

施力方向

準備弓形鋸,將鋸弓壓短,再將鋸條鎖上,這樣鋸條才會有張力。鋸條的鋸齒方向是向下的。

5

從任何一個地方開始鋸,沿著鉛筆線前進,注意鋸條應該和木片垂直,否則上面看到的和下面實際鋸出的會大小不一。

6

可能會遇到鋸弓不夠深的問題,像這裡已經到底,無法前進,這時只要往後退就行了。

7

退出後再換另一頭開始鋸。

8

可以分段將飯匙鋸下來。

用震動砂紙機搭配 120 號粗砂紙，將木片上的漆磨掉吧！

磨到一半的模樣。若不是標榜天然無毒的塗裝，通常會有一層染色、一層底漆和一層面漆，切記要確實磨掉！

完全磨乾淨後，顏色會變得很均勻。

若沒有砂帶機，也可以嘗試用鑿刀來挖飯匙的彎曲處。利用 C 形夾將飯匙夾住，記得隔著一張砂紙，才不會夾傷工件喔！

開始用砂帶機來造型吧！使用 120 號砂帶，利用砂帶圓弧的地方將飯匙的杓磨出來。

14

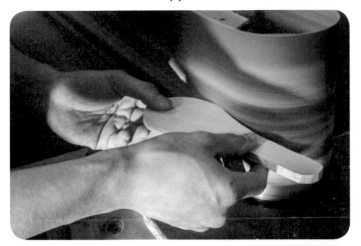

飯匙的側面、邊緣和圓角都能
用砂帶磨。造型完畢後改用
240 號砂帶磨細,將所有位置
都再磨過一遍。

雖然機器磨的速度較快，但缺點是不夠滑順，這時就一定要用手磨。利用 240 號砂紙，仔細地將每個
地方都磨過，有機器痕跡的地方都要磨掉喔！

磨好後就準備上漆囉！利用海綿沾漆直接擦拭
在飯匙上，也可用食用油代替。

最後用乾淨的布重複擦拭兩至三遍，以增加漆
的厚度。

後 記
WOODY

這支飯匙完成後,我們家每餐
都會用上它,每次使用完畢清洗後
晾乾,偶爾再重新上油保養就能使
用很長一段時間。

5

鍋具把手

車床是相當便利的工具，剛開始接觸木工車床，可以先練習製作圓柱形的物件，熟悉車床的使用方法後，再嘗試製作碗盤。剛好家中有個琺瑯鍋的木柄壞了，就來做一支新的手柄替換吧！

木料（長 20cm× 寬 3cm× 厚 3cm），
您也可依需求而定

鉛筆、游標卡尺、虎鉗、錐子、砂紙、折合鋸、車床（各式車
刀、磨刀用砂輪機）、砂帶機、電鑽、上漆用品

1

這是缺了木柄的鍋具，手柄位置裡有顆用來鎖
緊木柄的螺絲。

2

準備一根方形的木料，寬度比預計製作的柄大
上 1cm 左右，因為有時候木料夾上車床時，位
置不會剛好在正中心，所以要多預留一些空間。

3

在木柄的中心點用錐子戳一個小凹洞，此動作
可幫助車床頂針定位。

4

將木料夾上車床，固定好尾座後，旋轉尾座手
輪使木料夾緊，注意前頂針的爪子必須插入木
料，這樣才能帶動木料旋轉。

5

以最低的轉速開始，將木料的一端車成圓柱狀，可依個人習慣選擇左邊或右邊當作木柄前端。刀架的高度調整到車刀水平靠上後是指向軸心的位置。

6

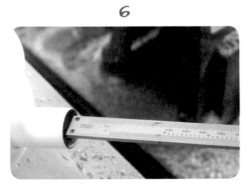

用游標卡尺的尾端測量鍋具孔洞的深度，以掌握木柄需插入的深度。

7

在木料旋轉時，用鉛筆畫線做記號。

8

用游標卡尺測量搭配鍋具木柄的直徑。

9

可以用尖端平直的分離車刀，小心地將木柄車削到正確的尺寸。

10

請切記，要時常停下來重複測量尺寸，避免將尺寸車削到太小。如果車的太小，那就放棄這一小段，用剩下的木料繼續製作。

11

需要配合的尺寸完成後，接下來就比較輕鬆了；繼續將方形的木料車成圓柱形。

12

這時候停下來看看，會發現表面非常粗糙，此乃正常現象。

13

接下來選擇圓弧形的車刀，慢慢將木柄的曲線修整出來。

14

用分離車刀在木柄的尾端做上記號，以便確認整支木柄的長度。最尾端會有夾頭留下的痕跡，所以這
一小段需切除掉。

15

稍微修整一下尾端的造
型，使用時會更加順
手。

16

可以試試各種車刀能做出的造型，這裡切了兩
條裝飾用的線條。

17

在車床轉動時，先用 120 號的砂紙將粗糙的表面磨細。砂紙可以放在工件的下方磨擦，這樣較能看清
楚工件的狀況，木屑也不會往自己身上噴。用 120 號的砂紙磨過後，改換 240 號的砂紙磨細。

18

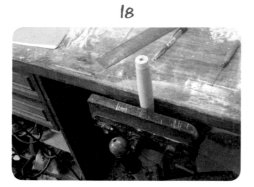

鬆開尾座將工件取下，固定在虎鉗上。

19

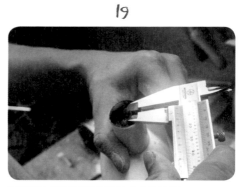

用游標卡尺測量鍋內螺絲中心的直徑。

20

直接利用頂針留下的痕跡當作中心點來鑽孔。

21

從記號位置將尾端不要的部分鋸掉（或用鋸子鋸掉）。

22

再用砂帶機磨平斷面的痕跡。

23

用海綿沾些許環保漆，塗抹在木柄上。

24

取乾淨的布將多餘的漆擦掉，上漆步驟可重複3～4次。

25

將柄裝上鍋具。

後 記

WOODY

木工車床能做的東西可說是千變萬化，不妨嘗試用長方形的木料來車製圓柄湯匙，留一段木料預備做成湯杓，再將其他部分車成柄。木料可以選用柚木或胡桃木，它們的性質很適合車床加工，作品的完成度也會比較高。

6

木 碗

這次要利用木工車床來製作木碗，它是一個很特別的機器，專門製作圓形剖面的物件，感覺很像是木頭的手拉胚，只不過做錯的話不能重來。木工車床的技巧有很多學問，同時也很獨立，如果喜歡製作碗、盤和花瓶等器物，只需要一台車床和磨刀用的砂輪機就足夠了。車床操作時會噴出很多木屑，請配戴護目鏡。

木塊（長 12cm× 寬 12cm× 厚 7cm）

工　具

鉛筆、螺絲、螺絲起子、砂紙、圓規、車床（各式
車刀、砂輪機）、電鑽（20mm 鑽頭）、帶鋸機、
砂帶機、切斷機

 第一階段：準備材料

1

在一段直徑約 12cm 的木塊上，用圓規畫出最大
的圓，以決定如何利用這塊木料。

2

舊木料上通常會有很多釘子的孔，可以用鐵絲
試探深度。

3

確定釘孔的深度，如果太深入中心，在成品上
就無法避免開來，若只是在表面，於造型時將
它去除即可。

4

用切斷機切下約 7cm 長度，切斷機能切的厚度
有限，可以分兩次裁切。

5

切下來的木塊，用帶鋸
沿著鉛筆線，將多餘的
部分裁切掉。

6

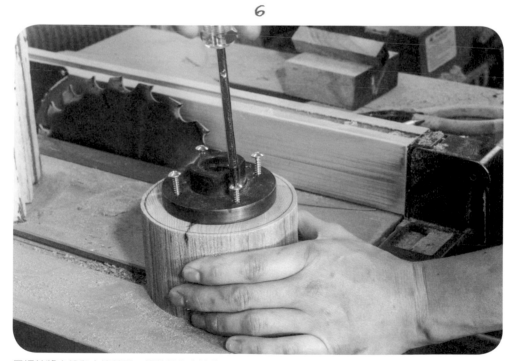

用螺絲將夾盤和木塊鎖緊，螺絲鎖入木塊約 2cm 深的位置。

1

將夾盤裝上車床。

2

刀架放的位置要接近工件，並用手轉動工件，確認工件不會撞到刀架，再將刀架固定。接著將刀架的高度調整到刀具平放時，刀尖是指向圓心的位置。

3

尾座裝上頂針並固定確實，再轉動尾座手輪讓頂針往前壓住工件。

4

接著用砂輪機將車刀磨利，操作時請注意安全。

第三階段：開始造型

1

將外型車成圓柱形，這時使用最低的轉速，在此階段刀具的震動會比較大，先讓刀尖輕微觸碰到旋轉的工件即可。

2

取跟鎖夾盤相同的螺絲，比對螺絲深度，在工件旋轉時用鉛筆畫上記號。

3

接著用分離車刀切入，以便確認可加工的部位。

4

開始製作自己喜歡的外型。

5

碗的邊緣也整理成平的。

6

砂磨時可以將轉速調高，在工件旋轉時，直接拿砂紙將外表磨細。請記得移開刀架，避免手指夾傷。

7

外表磨細後，紋路就更清楚了。

8

接著將尾座頂針換成 20mm 左右的鑽頭。鑽孔到碗的底部，可預留 1～2cm 厚度。

9

鑽好孔後，將刀架轉向至端面。

10

用車碗刀從孔內向外車，剛開始會很難掌握木材的強度，碗壁厚度可預留 1cm，避免操作失誤導致工件碎裂。

11

內部處理好後，也可以直接用砂紙磨平內側。

12

利用砂紙將碗的外表磨細後，用鋸子把碗鋸下來。

13

底部用砂帶機磨平。

MOZIDOZEN
FINISH
HAND MADE

上漆後作品就完成囉！

後　記
WOODY

　　車床是非常需要大量練習的一門技藝，剛開始接觸時可以車些
圓柄來練習各種刀具的用途。一般來說，買車床時附贈的基本刀具
就很夠用，之後隨著經驗增加，再添購品質更好或是缺少的刀種。

CHAPTER 3

生活雜貨

時鐘

原木椅

7

書　籤

在家中修剪花木時，撿一小段樹枝來做成書籤吧！將樹皮磨掉後，能清楚看到枝條裡的紋路，並認識樹木的構造。

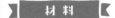
一段約 1cm 粗的樹枝

砂紙（120 號）一張

1

將樹枝平放在砂紙上，前後來回摩擦。

2

120 號的砂紙算是很粗，大約來回五次就可以磨到像這樣的程度。

3

再繼續磨到整個面是平的。

4

翻過來換磨另一面，磨到約 3mm 的厚度。

5

將一張砂紙用剪刀剪成四等份，並折成適合手拿的大小，將書籤邊緣磨圓。

6

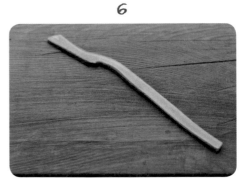

完成後的樣子，若樹枝濕濕的尚未乾燥，可以放在太陽底下晒乾。

MOZIDOZEN
FINISH
HAND MADE

後　記
· WOODY ·

　　雖然是很小的樹枝，但是構造和我們用來製作成家具的木材是一樣的，從最外層的樹皮開始，往內可看到形成層、邊材、心材和髓心。剛切下來的新鮮樹枝含有許多水分，若是要製作成家具的木材，都必須先經過乾燥程序，在書籤晒乾後，也可觀察到它會有微微的彎曲或變形。

8

拆信刀

在剛開始接觸木工時,如果還很猶豫要不要買一堆工具或機器,可先嘗試用最簡單的方式來玩木頭,只需在公園撿拾掉落的樹枝作為材料,搭配基本的小刀和鋸子就能開始囉!

一截約 2cm 粗的樹枝

雕刻小刀、折合鋸、木板（防止刮傷桌面）

1

在撿樹枝時，可以先用手折折看，如果很容易
就折斷，那表示樹枝內部可能被蟲蛀了。

2

用鋸子鋸下所需要的長度。

3

選好自己手持時最舒適的部位裁切下來，想像
一下哪裡要做成刀身。

4

左手握緊樹枝，用大拇指推刀背前進，以手指
出力比較能精細地控制每一刀的深度。

5

將樹枝削薄後，用鋸子將多餘的部分鋸掉。

6

刀身的形狀大致出來了，再慢慢地將刀口削尖銳一點。

ZIDOZEN
FINISH
MADE

後 記
◀ · WOODY · ▶

如果使用一般的美工刀，雖然也能削，但由於刀刃很薄，使用起來會無法出力，可以選擇 OLFA 的雕刻小刀，它有可替換的刀刃，讓初學者不需要磨刀，比起昂貴的日製雕刻小刀，算是很划算的選擇。同樣的做法也可以作成刮痧棒或是奶油抹刀喔！

9

茶几

以前就讀的學校淘汰了很多舊的課桌椅，我留了兩張當作紀念，多年來它一直被用來堆放木料，若家中也有不要的椅子，也可以拿來改造成茶几喔！

材料

舊椅子一張、角材（寬 3cm ╳ 厚 2.5cm，長度依需求而定）數根、
螺絲釘數根

工具

折合鋸、電鑽、沙拉刀、震動砂紙機、鐵鎚、斜口鉗、
不要的木頭、鐵片

 第一階段：整理椅子

1

準備一張要改造的椅子，由於過程中會有很多
木屑，因此建議在室外進行。

2

用鐵鎚隔著一塊不要的木
頭，將椅面的木條敲除。

Tips. 隔著木頭，可
以精準地施
力在木條上。

3

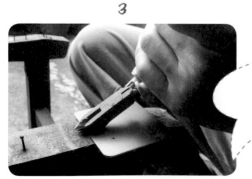

Tips. 用鐵片墊著可以
避免木材被壓傷

若有殘留的釘子，利用斜口鉗或拔釘器，隔著
一片鐵片拔除。

4

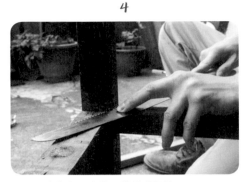

鋸子平貼在木頭邊緣，將椅背鋸掉。

5

椅背鋸掉後，剩下的椅腳就能當成桌腳了。

6

若有多餘的部分也可一併鋸掉。

Tips. 若打算重新油漆，建議將
舊漆磨掉會比較好上漆。

7

利用砂紙機將舊的漆磨
掉。

1

若不方便取得桌面的木料，可以試試看用角材組合的方式。將自建材行買來的角材放在椅面上比對，決定桌面的寬度。

2

接著把角材都鋸成同樣長度，全部並排起來就是桌面的長度了。

3

在每根角材的兩側及中間像這樣用螺絲鎖起來，注意每兩根之間都要錯開來。

4

Tips. 用沙拉刀可以同時
鑽好螺紋和螺絲頭
埋入的孔洞。

利用沙拉刀預先鑽孔。若沒有先鑽好孔洞，螺
絲會很難鎖入，或是造成木材裂開。

5

把角材平放在桌面，依序鑽孔並鎖上螺絲，一根接著一根處理。

1

拆下來的椅面木條，可鎖在原先椅子底下的橫
桿上作為置物空間。

Tips. 此步驟同樣需要先
鑽好孔洞再鎖。

2

將桌面擺在正中央的位置。

3

從桌面鑽孔，將螺絲鎖在垂直的椅腳上。

4

鑽孔留下的孔洞可以
利用木條補滿。

Tips. 文具店會有
販售各種尺
寸的木條。

5

用砂紙機將桌面磨平，切記邊邊角角等銳利的
地方都要磨過。

FINISH
MOZIDOZEN
HAND MADE

後　記
WOODY

　　使用夾板來當作桌面的材料是比較簡便的方式，但缺點是夾板比較不耐候。用角材來拼接桌面時，也可用木工膠來代替螺絲，但需要注意木料間的平整，以及需要足夠長的夾具來幫助膠合。若要放在室外使用，則必須以油性漆做保護。

10

花 器

鑽洞是木工裡很重要的加工方式，因此電鑽或鑽床可說是必備工具。現在就讓我們來利用實木樹幹搭配鑽洞的技巧製作簡單的花器吧！切記使用電動工具時要注意安全，工件必須先穩固好再鑽洞。

一段直徑約 6cm 的樹幹

電鑽和鑽頭、鑿刀、砂紙（120 號）、電氣膠帶、
木條（穩固及敲擊用）、折合鋸

1

首先，在鑽頭上利用膠帶做記號，大約預留
3cm 左右的長度，這樣就能鑽出同樣深度的孔
洞了。

2

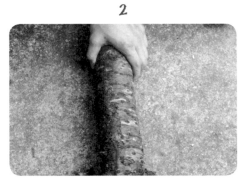

確認樹幹是穩固的再開始工作。

3

鑽頭垂直往下鑽，必須施點力才行。

4

鑽到膠帶的位置就可停止，若鑽頭拔不出來，
可讓鑽頭稍微旋轉再退出。

5

比對準備移栽的植物大小，繼續鑽第二個孔洞。

6

將四個角都預先鑽好。

7

最後，將中間尚未清除的地方也用鑽頭挖掉。

8

用鑿刀把洞口邊緣清理平順。

Tips. 可用一塊木頭敲打鑿
刀尾端增加施力。

9

清理好囉！

10

用鋸子將樹幹鋸斷吧！

11

在 120 號粗砂紙上來回將底部磨出一個平面。

12

磨到像這樣程度，樹幹不會翻倒即可。

移栽好囉！

MOZIDOZEN
FINISH
HAND MADE

後　記
· W O O D Y ·

　　對於精準度的要求不高時，也可以使用手搖鑽來代替電鑽或鑽床，使用手搖鑽鑽孔時，可搭配小林式鑽頭，這種鑽頭前端有設計像螺絲一般的構造，旋轉時會產生向下前進的力量，比起使用一般的鑽頭來得輕鬆。

11

時 鐘

修邊機就像是機械加工的
銑床，木工的修邊機沒有
自動功能，必須靠雙手來
控制切削的路徑，但只要
預先製作樣板，搭配後鈕
刀就能做出漂亮的凹槽。

木料（長 15cm× 寬 15 cm× 厚 2cm）一塊、約略和
前者相當大小的夾板（約 1cm 厚）一塊、時鐘機心

鉛筆、游標卡尺、直尺、C 形夾、圓規、雙面膠、
修邊機、後鈕刀、電鑽或鑽床、弓形鋸或線鋸機、
帶鋸機、砂帶機、震動砂紙機

量好時鐘機心的外徑尺
寸，畫在夾板中心，並
在方格的角落鑽一個
孔，以讓線鋸條能穿過，
最後用線鋸將方格鋸
掉。

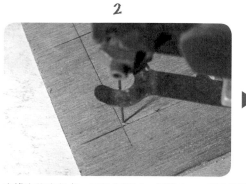

方格內的直角處，可以先鋸出一個約 3mm 寬的三角形區域，利用這個區域讓線鋸條轉彎。

請確認製作時鐘的木板要比時鐘機心厚。

用游標卡尺測量機心軸心的直徑。這裡測量出約 8mm。

在木板上畫對角線取出中心點，再用圓規畫圓。這裡示範的是圓形時鐘，你也可以設計其他形狀。

中心點鑽 10mm 的孔，讓時鐘機心的軸能放進去。鑽比較大是為了能容許誤差。

7

在製作好的樣板上黏貼雙面膠。

8

利用時鐘機心放在木板上時,來決定樣板黏貼的位置,用力黏緊樣板。這是因為有時軸心中心點並不會在外殼的中心點。

9

開始使用修邊機來切削出凹槽。第一刀的深度為讓培林露出即可。

Tips. 培林,又稱為軸承(bearing),為安裝在轉動的機構上,可幫助機構順暢旋轉的零件。

10

操作時拿穩修邊機,確保修邊機平貼在樣板上,從中間開始往外切削,最後沿著樣板繞一圈。

11

一次增加 5mm 的切削深度(可以將刀具放在工件外側確認深度)。

12

凹槽的深度能讓軸心露出到可以鎖住的程度即可。

13

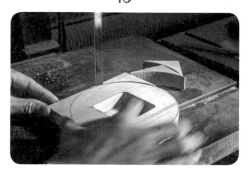

用帶鋸機將時鐘的外型切下來。也可使用線鋸機來替代，只要換上較粗的鋸條即可。

14

用 120 號的砂帶將時鐘外型磨圓，磨到鉛筆線條的邊緣。

這時可換上圓角刀來將外型倒圓角，或是直接
在砂帶機上磨出圓角。

16

比起修邊刀的工整，我喜歡用手在砂帶上處理
造型，這樣成品看起來會更有生命力。

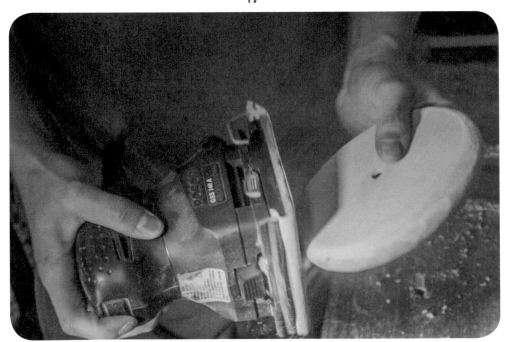

磨好圓角後，可用震動砂紙機把有稜有角的邊緣處理得更為細緻。

18

最後別忘了用手磨，把所有機器留下的痕跡都磨掉。

19

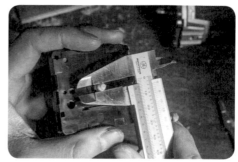

接著準備製作指針。用游標卡尺測量時針和分針的軸心尺寸。

20

在木片上鑽好時針、分針的孔洞，並配合鐘面的尺寸畫好指針長度。每種木頭用同個尺寸的鑽頭鑽孔後其鬆緊度會不同，建議可用小 0.1mm 的鑽頭試試。例如時針軸心是 5mm，可鑽 4.9mm 的孔。

Tips. 通常只有鐵工的鑽頭會以 0.1mm 為階級，用鐵工的鑽頭鑽木材也是可行，只是中心點較不易對齊。

21

可以替自己製作像這樣的銼橋，就能在鋸非常小的物件時給予足夠的支撐力。

22

時針和分針鋸好後，用砂紙將邊緣磨平。

23

需要掛在牆面上，可於時鐘的一側墊塊木頭，鑽個斜孔，以便讓釘子勾住。

24

上好漆後將時鐘的機心鎖好。

25

將指針裝設完成後，先對齊 12 點鐘的方向，接著再調整正確時間。

MOZIDOZEN
FINISH
HAND MADE

後 記

WOODY

我喜歡造型簡單的時鐘,但如果想要更有造型,可以嘗試從數
字的字體開始,用線鋸切割出數字後黏貼於鐘面上,當對木料的加
工更有把握時,以這邊介紹的技巧為基礎,再做不同的時鐘設計。

12

原木椅

在颱風來臨前，常常會看到路邊堆滿了修剪下的樹幹，如果有機會把它們撿拾回家，試試看做成粗獷的小椅子吧！使用小刀時請特別注意安全，重複刀削的動作可能會讓手指起水泡，可以戴手套預防。

樹幹（直徑約 15cm）、
角材（長 40 cm× 寬 3 cm× 厚 2.5cm）4 根

工具

鉛筆、直尺、小刀、洞洞尺、木槌（頭）、木工膠、
電鑽和鑽頭

1

找一段看起來比較筆直的樹幹，直徑約 15cm，
和 4 根長約 40cm，建材行買來的柳安木角材。

2

把兩支椅腳放上樹幹端面，擺放到覺得滿意的
角度。角度不宜超過 40 度，否則在承重時木材
可能會折斷。

3

在角材的中心點做好記號,畫上椅腳的延長線。

4

利用兩支椅腳木料固定好圓木,並將端面的記號轉移到圓木內,距離邊緣約 5cm。

5

確定延長線是垂直於地面後,用電鑽鑽出 20mm 的孔,深度約 5cm。

Tips. 電鑽鑽孔時必須呈垂直向下狀態。

6

重複此步驟,鑽另一側的孔。

7

Tips. 可直接利用手邊的木
條，平行於圓木的邊
緣，當做尺來畫線。

完成後，換操作另一邊時，為避免產生誤差，
可直接將孔位的記號從前端延伸到後面。

8

同樣利用一開始畫的線，將另一邊的孔洞鑽好。

9

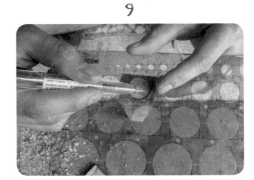

接著開始製作椅腳。先在角材的端面用洞洞尺
畫好 20mm 的圓。這個尺寸須跟鑽頭的尺寸相
同。

10

預計製作的圓榫長度約 5cm。在木條上做好記
號後就可開始削了。

11

剛開始時可以大膽的削，每一刀都削厚一點。
請注意削過的邊緣應保持平直，若只有畫圓的
地方尺寸是對的，其他地方太大或太小，在組
裝時就會感到挫折。

12

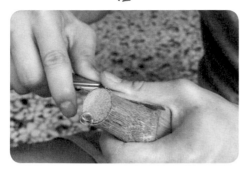

用小刀削到靠近鉛筆線時，就要小心翼翼的操作了。

13

可以邊削邊試著插到圓木上的孔洞看看。

Tips. 不應該是能直接插入的鬆緊度，而是要稍微用點力才進得去的感覺才對。

14

圓榫削好後，也可以將椅腳的邊用小刀造型。這樣單手持刀削的方式可加快削的速度，但無法控制深度。

15

椅腳削好囉！請留意雙手有沒有起水泡。

16

椅腳都製作好了，準備來組裝吧！

17

首先，將木工膠滴入孔洞內，並均勻塗抹在孔洞的壁面。

18

接著將椅腳插入後，用木槌敲緊。

後　記
· W O O D Y ·

　　使用洞洞尺畫線時是關鍵步驟，即使是 0.5mm 的鉛筆線也會影響圓榫製作完成的鬆緊度。舉例來說，用 20mm 的鑽頭在木板上鑽洞後來當做自製的洞洞尺，用這個洞畫出圓後，削椅腳圓榫時應該要剛好削到鉛筆線的外圍，若是削到鉛筆線上或是把鉛筆線削掉了，那麼製作出的圓榫就會太鬆而無法使用。

　　也可以使用手搖鑽搭配小林式鑽頭代替電鑽，但使用手搖鑽時，因為要不停旋轉把手的關係，鑽的洞會因為晃動而擴大，導致發生誤差，所以在削圓榫時要多加留意喔！

13

檯 燈

從小我就喜歡在微亮的房
間裡享受獨處的時間，一
盞檯燈伴著音樂，現在有
了兩個小孩，如此的悠閒
時光更是難得。我喜歡夜
裡的寧靜，更喜歡創造夜
裡的溫暖，一起尋找手邊
適合的材料，為自己打造
夜晚的寧靜時光吧！

大小適合當燈罩的紙碗或木碗、柚木木料（長 45cm× 寬 5 cm× 厚 5cm）、支架木料（長 20 cm× 寬 3 cm× 厚 3cm）、空心銅管、燈座、含線材的調光開關

鉛筆、直尺、游標卡尺、F 形夾、木工膠、洞洞尺、電氣膠帶、虎鉗、弓形鋸、金屬用鋸條、金屬用銼刀、斜口鉗、電烙鐵、焊錫、砂紙、圓鋸機、切斷機、砂帶機、圓盤砂紙機、鑽床和鑽頭、車床（各式車刀）、帶鋸機、線鋸機

 底座部分

1

首先，取寬 5cm、厚約 5cm 的柚木木料，預計製作一個方形底座。

2

將圓鋸機的導軌設定在 2cm 位置，以推板輔助將木料厚度切為 2cm。

3

柚木剛切開時，內部的木料顏色會比較淺，需要幾天的時間才會變成深咖啡色。

4

用游標卡尺確認寬度。

5

6

接著在切斷機上將木料切為三段等長，每段長度為寬度的三倍（**15cm**）。

將三段木料依照木紋排列在一起，使整體的紋路看起來是一致的，再畫上一個三角形，用來分辨每一段木料彼此的相對位置。

7

在圓盤砂紙機上把膠合面磨平，組合在一起的時候不能有任何縫隙。這個步驟不使用砂帶機是因為砂帶本身帶有彈性，容易造成膠合面的邊緣有微小的弧度，而圓盤砂紙機的砂紙是黏貼在金屬盤上，用它處理小面積的工件是最合適的。

8

在膠合面上均勻塗抹木工膠。

9

用 F 形夾緊固一天。

10

底座黏好後,用砂帶機將正反兩面磨平。可以用手持砂帶機或震動砂紙機代替。

11

在正面畫上支架中心點以及圓角。

12

背面的四角畫上等距的四個點,用來製作腳墊。

13

14

鑽床裝上 24mm 的鑽頭，利用鑽床的深度定位功能，將鑽頭前進到距離檯面約 3mm 的位置後，固定此深度，讓鑽頭最深只能鑽到這個位置。因為底座厚度只有 2cm，所以讓支架能插到最深的位置。

要裝上支架的孔鑽好的樣子。

15

換到背面鑽腳墊的孔。裝上 8mm 的木工鑽頭，深度約設定在 1cm 的位置。因為木工鑽床無法從工件表面做為基準點來計算深度，必須從側面觀察鑽頭的位置來確認深度。

16

利用木工鑽頭的尖點，可以很精準地鑽在畫線的位置上。

17

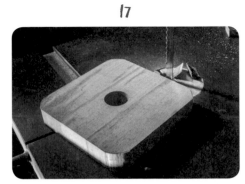

利用帶鋸機或線鋸機把圓角多餘的木料切除。

18

使用砂帶機磨圓角。圓角的起點是從相鄰的邊開始，直到另一個相鄰的邊結束，小心拿穩底座慢慢靠著砂帶旋轉。

19

底座的邊緣用砂紙稍微磨圓。

20

用游標卡尺的尾端測量背面腳墊的深度，本例
為 1cm。

21

用切斷機切下一片約 1.2cm 厚的木片，並使用
8mm 的取木塞刀製作出 4 個小圓木。

22

在洞裡點一滴木工膠後塞入小圓木。

23

將 120 號的砂紙平放在桌面上，輕輕地把 4 個
腳墊磨到一致的高度，讓底座不會晃動。

🪚 支架部分

1

準備一 3×3×20cm 的木條來車製 24mm 的圓木棒，車床製作的部分可參考 P.60 鍋具把手單元。

Tips. 製作圓木棒的替代方案：使用砂帶機磨出圓木棒，或取消底座上插圓木棒的孔，改用螺絲鎖緊。

2

將製作好的圓木棒插上底座，再取空心銅管來決定要鑽穿過銅管的位置。銅管可以用金屬製的晾衣桿等材料代替。

3

在圓木棒上畫好要鑽孔的位置。

4

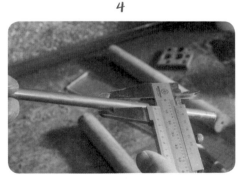

用游標卡尺測量銅管的直徑，並選擇相同直徑的鑽頭。

5

在鑽頭可能鑽出的位置貼上膠帶，可以避免木頭纖維被撕裂。

6

在圓木棒下墊一塊木頭後緩慢鑽孔。

7

直接鑽孔和貼上膠帶後再鑽孔的結果差異。

8

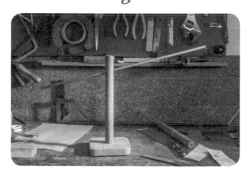

組合起來的樣子。

9

圓木棒頂端有車床夾頭的痕跡，畫線準備把它切掉。

10

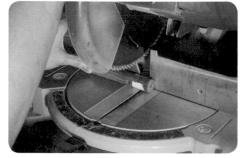

使用切斷機切斷時，也可以先貼上膠帶以避免木材纖維被撕裂喔！

燈罩部分

1

準備好含調光器的線材、燈座和燈罩。為了方便鑽洞加工，燈罩請選用紙碗或是木碗。

2

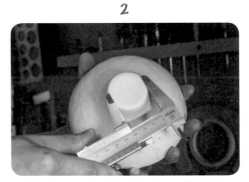

用游標卡尺測量燈罩底部的尺寸，準備製作木頭的底座讓陶瓷燈座能夠固定。

3

取一塊約 2cm 厚的木塊，畫上和燈罩底部相同的尺寸，並用線鋸機沿著線的邊緣鋸下。

4

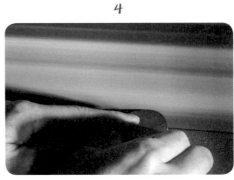

鋸下來後，在砂帶機上沿著線磨出圓形的木塊，並在一端磨出圓角。

5

裝在燈罩上的樣子。

6

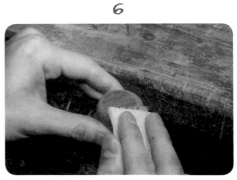

別忘了用砂紙將圓角磨潤。

7

用虎鉗固定圓形木塊，鑽上配合銅管尺寸的孔，
深度到中心位置。

8

Tips. 尺寸須小於陶瓷燈
座的螺絲孔間距。

換另一支鑽頭。

9

在燈罩底部鑽孔，讓電線能通過。

10

圓形木塊也鑽同一個尺寸的洞，使電線能通過。

 檯燈組合

1

先用雙面膠固定燈罩和圓形木塊，並組裝好銅管和支架，決定銅管保留的長度。

2

弓形鋸裝上金屬用的鋸條，將多餘的銅管鋸掉。

3

用銼刀將銅管邊緣磨圓。

4

組合各零件後，電線從銅管尾端穿入，經過圓形木塊和燈罩。

5

用斜口鉗剝皮。電線剝皮後，焊上陶瓷燈座。有些燈座可能是用螺絲來固定電線。

6

將電線抽回，使陶瓷燈座和圓形木片能夾緊燈罩後，再將陶瓷燈座用螺絲鎖在圓形木塊上。

FINISH
MOZIDO
HAND MADE

上漆後，裝上可調光的
LED 燈泡就完成囉！

後　記
· W O O D Y ·

　　燈罩可以嘗試不同的材質，像是乾燥的葫蘆等，如果車床的技
術純熟，也能做木製的燈罩。若不熟悉線材安裝的電路，務必向電
材行銷售人員詢問。

　　這次是做最簡單的固定結構，更有經驗後可以嘗試自由調整角
度，或是將開關設計在燈具上，這樣能讓作品更為精緻。

CHAPTER
4

收納

信插

鞋架

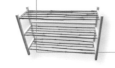

14

鞋 架

現成的家具常常不符合空間規劃或使用需求，利用一個週末的時間，為全家人製作一個鞋架吧！因擔心用夾板製作的鞋架會不耐用，因此選擇建材行販售的實木角材和竹材行販售的竹子，現在就讓我們應用簡單的工具開始動手製作三層鞋架囉！

材 料

竹子（長90cm）15支、
角材（寬3cm×厚2.5cm，長度可依需求而定）3根、
木釘（6mm）一包

工 具

捲尺、鉛筆、角尺、直尺、電氣膠帶、木工膠、繩子、鐵鎚、手持線
鋸機或弓形鋸、電鑽或手搖鑽、震動砂紙機

1

在建材行購買角材時，如果老闆允許的話，盡量挑選平直、斷面是方形的角材，鋸成兩截後比較容易載回家。竹材可以用美術社販售的圓木條取代。

2

將竹子平均排列整齊並調整密度，排列的寬度即是每層的深度。用捲尺測量橫桿需要的長度。

3

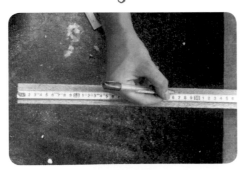

在角材上畫出橫桿長度的記號。

4

如果使用手持線鋸機，可以搭配角尺讓鋸路更
直（效果有限，使用切斷機會更好），也可以
用鋸子鋸斷。

5

鋸好 6 根橫桿後，依照每層需要的高度、離地
的高度、頂端保留的高度以及橫桿的厚度，計
算出長度後，以相同方式準備 4 根垂直腳。

6

在垂直腳的頂端預留 3cm，這是為了讓木材保
留強度不會裂開。

7

從預留的位置畫出橫桿的寬度。

買回來的角材未經過自己用圓鋸機處理,因此
尺寸可能會有些微誤差,建議每一根橫桿和垂
直腳相對應的位置都必須做上記號,互相搭配。
在 1.5cm 處畫上需要切除的斜線記號。

依照相同方式,在 6 根橫桿的 12 個節點都做好
記號。

用線鋸機將斜線的部分切除。

切割分解圖

1

用手持線鋸機或弓形鋸沿著線的內側鋸兩刀。

2

斜切一刀到底。

3

鋸條放在最深處後開始鋸，並往底線的邊緣靠近。

4

鋸條同樣也放在最深處往另一側鋸。

5

完成的樣子。

6

以相同的方式鋸好 12 個節點。

7

在鑽頭上用膠帶做好深度記號，深度為木釘的一半。使用 6mm 的木釘時，可搭配 5.9mm 的鑽頭會更緊喔！

8

在橫桿上平均畫好鑽孔的位置。

9

用電鑽或手搖鑽來鑽孔，到達膠帶的邊緣就停止。

10

用電鑽或手搖鑽來鑽孔，到達膠帶的邊緣就停止。

開始組合兩側的木框，在開切的位置塗滿木工膠。

11

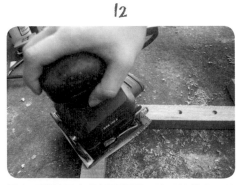

如果沒有 F 形夾的話，可以用塑膠繩綁住，再利用一根木棒旋緊繩子。

12

等木工膠乾了之後拆開繩子，確認結構牢固後用震動砂紙機將表面磨細。

13

依照竹子的長度切兩根角材做為兩側木框的支
撐。可以用同樣的方式切出榫槽。

14

這個階段組合好後的模樣。

15

如果放在室外的話,需要以油性塗料來保護木材。

16

將木釘一一敲入孔內。

17

18

利用竹子的彈性，先將竹子插入一端的木釘後，再將竹子用力彎曲插入另一端的木釘。竹子的長度可能不太一樣，必要時需把太長的竹子挑出來鋸短。

如果結構需要補強，可以先鑽 3mm 的孔再鎖螺絲。

FINISH
MOZIDOZEN
HAND MADE

後　記
· WOODY ·

1. 完成後發現前方的竹子容易掉下來，
所以我又在其下方增加了一根角
材，避免兩側的木框張開。

2. 雖然整捆的竹子剩下很多，但一捆
只要 250 元，比起美術社的木條可
說是相當划算，也可以用來做成垃
圾桶或是用來種植植物的容器。

15

層板架

市面上販售的 L 形角鐵雖然實用，但大多不好看，因此我們想到自行製作木頭的支架，以讓層板架看起來更為精緻。本作品用了很多電動工具，或許初學者很難一次就備齊，然而這些電動工具只是讓作業更方便而已，其實也都能以手工具取代，各位不妨藉著這次操作，當作將來添購工具的參考喔！

角鐵 2 個、木料（長 20cm× 寬 10 cm× 厚 3cm）、螺絲釘（木螺絲、高張力螺絲）

工具

鉛筆、角尺、直尺、水平尺、螺絲起子、修邊機、電鑽、木工鑽頭及水泥鑽頭、鑽床、折合鋸或帶鋸機、切斷機、砂帶機

1

這次使用的 L 形角鐵，大約是 5+5cm，選用的木材寬度要大於角鐵本身。

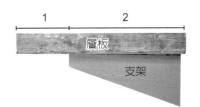

2

要製作支架的木塊長度，依照層板寬度決定，長度約層板的三分之二。

3

同一塊木板上,可以製作出兩個三角形的支架,畫線分割成兩部分。

4

按照尺寸用切斷機裁切好木塊長度。

5

用帶鋸機沿著斜線切開(也可使用折合鋸,只是會比較費力)。

6

帶鋸切過的痕跡比較粗,所以用砂帶機磨平。

7

在三角形木塊的直角處描繪L形角鐵的外型。可描得大一些,以讓角鐵更容易嵌入。

8

修邊機裝上直刀。安裝或拆卸刀具時，可以像
圖中利用板手鎖緊或鬆開螺絲。

9

工件加工時必須穩固夾緊，這是工作台虎鉗，
為木工坊必備的物品。

10

設定修邊刀的深度，直接比對 L 形角鐵的厚度。

11

使用修邊機時一定要先開機再進刀，從工件的最邊緣開始往內切削。

12

兩邊都按照所描繪的線條切削。

13

角鐵靠進凹槽後，做上孔洞的記號。

14

螺絲鎖上的樣子。靠牆使用的是高張力螺絲，
可不用壁虎鎖到牆裡；靠層板側使用的是木螺
絲，必須預先鑽孔才鎖得進去，這樣木材也不
會裂開。

15

在鑽床上鑽孔時可以這樣擺放，讓孔能垂直。

16

在高張力螺絲這一側，需挖深一點以讓螺絲頭能埋入，所以將修邊刀調深一點，稍微把這裡挖開。

17

製作由下往上鎖住層板的螺絲孔。要做一大一小的孔，以讓螺絲能整個埋入。螺絲凸出的高度不要超過層板的厚度。若打算由上往下，從層板鎖到支架上，就無須做這個孔，差別是外觀上會看到這個螺絲孔。

18

小的孔必須大於螺絲釘的寬度，讓螺絲釘能順利通過；大的孔必須大過螺絲頭。

19

 ▶

支架的邊緣可以在修邊桌上用R角刀倒圓角，或是用砂帶機磨圓。

20

支架完成後，就準備在牆上鑽孔囉！先裝上水泥鑽頭，並把電鑽的模式調到震動，通常是個鐵鎚圖案（一般鑽洞模式是螺紋的圖案）。

21

在牆上做好L形角鐵的孔位記號。請記得加上層板厚度喔！

22

在記號上鑽洞時，鑽頭很容易滑開，可以先用慢速開始（通常電鑽可以靠扣板機的力量控制速度）。鑽牆時可以用吸塵器在一旁將灰塵吸乾淨。

23

可以先鎖好一個螺絲後,再直接從L形角鐵的孔鑽第二個洞,如此一來可避免誤差。

24

另一邊做記號時,可以利用水平尺確認水平。

25

角鐵鎖上牆後,再把支架鎖上角鐵。

26

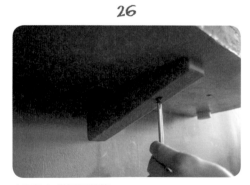

由下往上把層板鎖住。

後 記

WOODY

　　使用高張力螺絲比起以往鑽牆再打入塑膠壁虎這方式便利許
多，而且鑽的孔很小，容易用補土修補，傳統的五金行可能不容易
找到，建議上網搜尋購買。

●木工工具購買網站：

1. 大司細木工：http://www.dastool.com.tw/

2. 倉禾工具：https://www.cabinhouse8.com/

3. 建成工具：https://www.jctool.com.tw/

●塗漆購買網站：

魯班塗料：http://www.looben.com.tw/

16

發 票 盒

家中的發票經常亂丟，沒有合適的盒子收納，這次就來運用簡單的技法，替發票們量身訂做專屬的收納盒吧！這個製作方式沒有尺寸的測量，所以可以很隨性的製作，有時候限制太多，反而容易導致挫折。

邊框木片（厚 5mm，長、寬依需求而定）、
底部木片（厚 1cm，長、寬依需求而定）

鉛筆、洞洞尺、木工膠、圓鋸機、線鋸機或
弓形鋸、切斷機、砂帶機（或圓盤型砂紙機）

 第一階段：準備材料

1

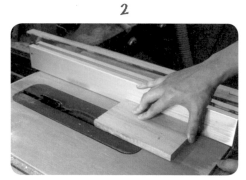

在圓鋸機上，將導軌和圓鋸間的距離設定在比
發票的長度多 3mm 左右。

2

在此距離設定下，將厚度約 1cm 的木板用圓鋸
機切過。

3

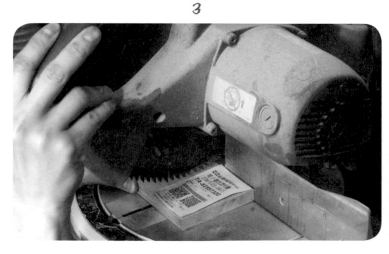

再把木板放在切斷機
上，以發票的寬度多
3mm 為基準，切下兩片
大小相同的木板做為盒
子的底部。

4

Tips. 在木條上作記號，
長度比底部木板長
度稍微多 3mm。

用圓鋸機準備一條約 5mm 厚的薄長木片，寬度大於底部木板的厚度。

5

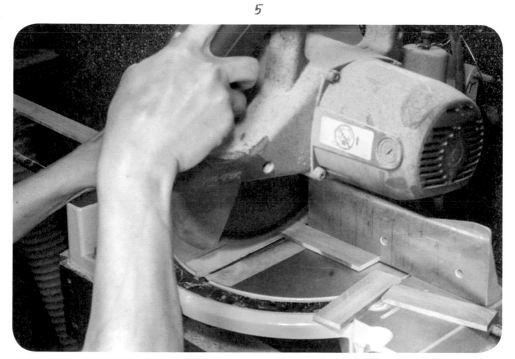

用切斷機切下三片薄木條，並將其兩面磨細。

1

將底部木板的兩個端面磨平。可以用砂帶機或是圓盤型砂紙機處理。

2

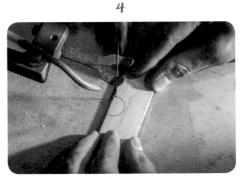

在盒子中間的分隔木條上，先用鉛筆畫出底板厚度的記號。

3

接著用洞洞尺畫出一個半圓。

4

利用線鋸機或弓形鋸將半圓切下，這個地方可以讓我們拿取發票時較為便利。

5

準備膠合，將木工膠均勻塗抹在底板的端面上。

6

將三片木條和兩塊底板黏在一起後，用手壓緊。由於木片
有多餘的長度，因此膠合時不必費心對齊動作。

Tips. 需等候一天
的時間待膠
體凝固。

7

等膠完全乾燥後，用砂
帶機或圓盤砂紙機將盒
子的長邊磨齊磨平。

再準備兩條薄木片，長度也略大於盒子的長度。

膠合時均勻塗抹，別忘了短邊的木片上也要塗抹喔！

用手施加點壓力，並靜置一天。

待膠體乾燥後，同樣用砂帶機把邊緣磨平。

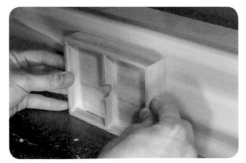

最後步驟為將底面和正面磨平、磨齊。

後記

通常在膠合時，都會以夾具固定夾緊，然而在本作品，因底板和薄木片間沒有榫卯固定，所以在夾緊過程中很容易越弄越糟，讓膠黏得到處都是。另外，為了讓盒子具有足夠的強度，所以選用比較厚的木料作為底板，以讓木工膠能夠發揮它強大的力量。

剛開始接觸木工時，可能會想著要做得很精準，給自己太大的壓力，若一有失誤造成尺寸誤差，反而容易灰心喪志。因此在製作過程中，不妨多嘗試像這樣先膠合再磨平的處理方式，如此一來不僅能讓製作難度下降許多，成品看起來也會更細緻。

17

置物盤

我經常用機械加工的概念來製作物件，在工整與手感間取得平衡，利用修邊機可以快速準確地製作出想要的凹槽，並砂磨出具有溫度的造型。由於市售的修邊機刀具種類有限，必須依靠其他工具來輔助製作特殊的造型，這次就讓我們用修邊機導環來製作小盤子吧！

實木木片、夾板、樣板用木片（尺寸依需求而定）

工具

鉛筆、透明直尺、雙面膠、砂紙（120 號、240 號）、
螺絲起子、修邊機、修邊機導環、圓弧清底刀、弓形鋸
或線鋸機、砂帶機

1

準備與修邊機搭配的導環，和一把圓弧清底刀。

2

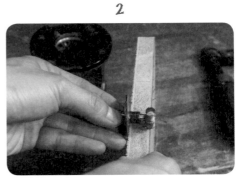

用來製作樣板的夾板，厚度需要足夠導環和刀
具的深度。如果樣板太薄，第一刀的切削量會
太大。

3

在修邊機的底座上將導環安裝妥當。這裡是先
把黑色的底盤拆下，再放上導環後鎖緊底盤。

4

由於導環的孔比較小，刀具必須最後再裝上。

5

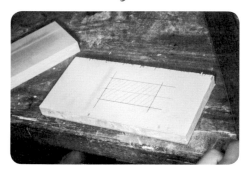

在樣板上畫出盤子的尺寸。由於刀具直徑大於導環的直徑，實際切削範圍會比鉛筆線還要再多一點。

6

用線鋸機把樣板挖空後，取中心線並延伸到樣板內側壁面上。這是為了能與工件精準對齊。

7

在工件上也畫上中心線，並在四周貼好雙面膠。

8

樣板對齊工件的中心線後，用力壓緊樣板和工件。

9

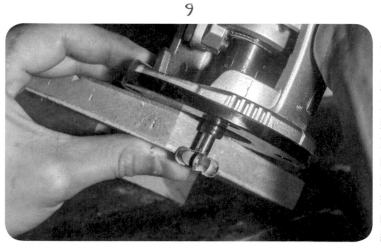

修邊機靠著樣板設定深度。我打算做一個淺盤，所以第一刀的深度只有刀具的一半。由於刀具邊緣是半圓形的，要做更深的盤子，從第二刀開始，會在邊緣留下波浪狀的痕跡，如果這個效果不是原先想要呈現的，那就必須換其他邊緣是平直的刀。

10

用修邊機挖好後，在凹槽的邊緣畫上盤子的外型。

11

用線鋸機（或弓形鋸）沿著鉛筆線，將盤子鋸下來。

12

準備修整外型囉！

13

這個工作交給砂帶機最合適，它可以把邊緣的寬度慢慢磨到一致。如果沒有砂帶機，可以把砂紙平放在桌面來磨。

14

內側的弧度，可以將砂紙折彎後處理。

15

小盤子完成囉！

後　記
· WOODY ·

1. 在完成這個小盤子後，是不是覺得一大塊木料只用了一小部分很
   浪費呢？在第一次製作一件作品時，可以多預留一些空間，以免
   中途改變心意，也許在步驟 10 時，會有新的想法能加進來。

2. 若是要製作很多個相同的小盤子，木料與樣板間的固定方式也必
   須重新設計，例如捨棄較費時的黏貼雙面膠方式，而使用額外的
   夾具來固定。同時要考量製作的精準度，多預留一些空間來修整
   外型，會比一開始取材時就取得剛剛好來得更有彈性。

18

信插

鳩尾榫是木製品中很常見
的一種榫接方式，不需要
釘子或黏膠就能讓兩片木
材緊密接合在一起，使用
修邊機搭配鳩尾榫刀就能
輕鬆製作，來做個簡單的
練習，再應用於其他的作
品中吧！

good things
happen
in new year.

@sybil-ho

底座木板（約 1cm 厚，長、寬依需求而定）、
垂直木板（約 1.5cm 厚，長、寬依需求而定）

鉛筆、洞洞尺、修邊機、修邊桌、鳩尾榫刀、圓鋸機、C 形夾、
線鋸機或弓形鋸、砂帶機、砂紙

1

準備好材料及刀具。

2

垂直木板的厚度必須大於鳩尾榫刀的寬度。

3

將兩塊木板垂直擺放在想要的位置上。

4

在底座木板的邊緣，畫上與木板垂直的中心位置記號。

5

調整鋸片高度，約 5mm 深。先用圓鋸機把一部分的木料切除，讓修邊機切削時比較輕鬆。

6

對準記號的位置就可以開始切削了。

7

將鳩尾榫刀裝上修邊機，再將修邊機裝上修邊桌上。調整修邊刀的高度，必須高過圓鋸預切的痕跡。調整好之後到製作完成前都不能夠再做調整。

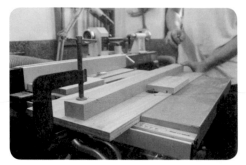

8

用C形夾固定一條平直的木條當作靠板。因為
修邊刀旋轉方向的關係，靠板應在進刀方向的
右邊。

9

修邊刀對準圓鋸的痕跡中心，並固定住靠板。調整靠板位置時，只需要鬆開一側的 C 形夾，以另一側
未鬆開的 C 形夾當作支點，調整靠板的位置即可。

10

使用推板輔助進刀,製作好兩條鳩尾榫槽。

11

準備製作垂直木板的鳩尾榫頭。鬆開一側的 C
形夾,在修邊機啓動的情況下,慢慢將靠板推
向修邊刀,讓修邊刀嵌入靠板中。

12

開始調整切削量,用不要的木板試切一次,切出來的鳩尾榫頭必須是尖銳的三角形,如果切削量不夠,
就不會是尖銳的三角形,如果切削量太多,三角形的頂點會低於木板的面。切記,木板要以垂直的角
度進刀,不要平放。

13

一邊切好後，換另一側加工，可以先試切 1cm
的長度。

14

測試看看能否插入鳩尾榫槽裡，如果太緊就再
調整一次切削量。

15

每次調整時，可以在鬆開 C 形夾之前，用鉛筆在靠板的原始位置上做記號，這能方便觀察每次調整的
量。一次可以移動 1mm 左右的距離，在修邊刀的地方會以等比縮小的距離變化。調整後再切削，反覆
進行至垂直木板能插入底座。

16

第二塊垂直木板以同樣的方式製作完成。

17

確認能組裝後,再開始做造型。

邊緣用洞洞尺畫圓角,再以線鋸機或弓形鋸切掉多餘的部分。

圓角可以用砂帶機磨圓。

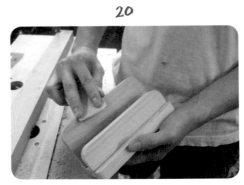

最後再用砂紙將銳利的邊緣磨圓。

後 記

1. 製作鳩尾榫需要一些耐心和經驗，可能會無法一次就成功，慢慢調整修邊機找出需要克服的問題。

2. 若先準備一塊足夠長的木板，製作好鳩尾榫頭，再切成兩片垂直木板，會是比較迅速的作法，不必重新調整一次。

3. 垂直木板必須要有均勻的厚度，如果兩端的厚度不一樣，製作出來的榫頭尺寸也會不同。

19

書架

本作品使用的木料是我平時蒐集來的舊木料，有來自櫥櫃的台灣杉層板，和老房子的舊檜木門框。過程中會介紹整理舊木料的技巧，以及修邊機的應用方式，讓初學者也能做出漂亮的卯口（榫卯接合中的凹口）。若是手邊沒有舊木料，您也可將材料替換為建材行販售的夾板及角材。

依照所需的大小、長度準備層板和角材、夾板（修邊機用輔助板）、螺絲釘

鉛筆、木工膠、角尺、游標卡尺、水平尺、釘槍、螺絲起子、電鑽和鑽頭、
沉孔鑽頭沙拉刀、修邊機、後鈕刀、C 形夾、圓鋸機、切斷機、震動砂紙機

整理舊木料所需工具：銅刷、一字螺絲起子、鐵片、斜口鉗、鐵鎚、拔釘器

 第一階段：舊木料處理 —— 垂直的支架

1

一般最常見的舊木料就是門框或窗框，這裡是
取一段約 80cm 的門框來做書架的垂直支架。

2

門框的背面會有水泥殘留，可用銅刷將它們去
除乾淨。

3

門框側邊通常會有以釘子固定的收邊木條，可
利用一字起子將木條撬開。

4

釘子用斜口鉗撬出來時，若沒有先在底部墊鐵
片，會造成鉗子陷入木頭裡，發生無法施力的
情況。

5

門框木料原本的榫接處。這裡通常會有兩根 10cm 長的釘子，請務必確認它們已經拔除。

6

將舊的榫頭用切斷機切除，如果這頭的釘子無法拔除，則需多切掉 10cm 以上，才能將釘子完全去除。

7

有了清楚的斷面，在這裡用鉛筆分割出兩根垂直支架需要的木料大小。

Tips. 在整理長條形的舊木料時，表面的漆可以直接切掉，用磨的會太消耗砂紙和時間。

8

在圓鋸機上，將刀片的高度設定在高出木料約 3mm 即可，刀片太高會很危險。

9

設定刀片和導軌間的距離。

10

從機台的後方來觀察,將距離設定在鉛筆線的外側。

11

切割時記得使用推板才安全。

12

第一刀切除後,可得一個乾淨的面,用這個面靠著導軌切下一刀吧!

13

直接將導軌和刀片間的距離縮短 2 ~ 3mm,大約是一個鋸片的寬度,這樣可以直接切掉舊木料表面的漆,且不會損耗太多木料。

14

千萬不要直接用手推木料進刀，請記得使用推板輔助喔！

15

切掉第二個面後，剩下的兩個面也是以同樣方式處理，但鋸片的高度會很高，請特別小心操作。

16

一分為二時，將導軌和刀片的距離設定在木料寬度扣除刀片寬度的一半以下，在同樣設定下進刀兩次，即可得到相同寬度的木料。例如，60mm 寬的木料，減掉 3mm 的刀片寬度，將導軌設定在 27mm 的位置，第一刀可得 27mm 寬的木料，剩下 30mm 寬的木料再進一刀，也可得到相同的寬度。

取一段 2cm 厚的夾板，切成長約 15cm，寬 5cm 及 3cm 的木片各兩片。

用木工膠塗滿接合面。

固定時用角尺確認垂直。

可以用釘槍或螺絲加強固定。

第三階段：垂直支架的加工

將兩根垂直支架和層板擺放在地上，排列成自己想要的間隔。注意支架的頂端要預留長度給側邊支撐桿。

在一邊的垂直支架作好層板位置的記號。

將兩根垂直支架並列，用角尺在兩邊都畫好記號。

4

把 L 形輔助板夾在垂直支架上,邊緣對齊記號。

5

把層板垂直靠上第一塊 L 形輔助板,再夾上第二塊輔助板。請注意若每塊層板的厚度不同,每個卯口都需要配合對應的層板,不然會出現太鬆或太緊的情況。

6

修邊機裝上後鈕刀,並平貼在輔助板上,後鈕刀的培林必需靠在輔助板的側面,設定為約 1cm 左右的加工深度,設定好後就不可以再調整,以免每個卯口的深度不一致。

7

設定好就開始切削吧！請確認加工時修邊機的底面平貼在輔助板上，並靠著輔助板側面將木料清除乾淨。

8

完成切割的模樣。請重複這個步驟，將其他的卯口也製作完成。

9

可以試試看層板插入的鬆緊度。要能夠順順的插入且不會掉下來才是正確的喔！

10

六個卯口都完成了。

11

開始準備製作鎖螺絲釘需要的洞。比對螺絲釘和垂直支架的相對位置，圖中的螺絲釘比較短，必須加工魚眼孔（一大一小的同心孔洞）以讓螺絲釘能鎖住層版。

12

使用游標卡尺測量螺絲釘螺紋部分的寬度，這裡測量出約 4mm。

13

測量螺絲釘尾端的寬度，這裡的測量值大約是 8mm。

14

從卯口的正面鑽孔，底下記得墊一塊平整的木頭，鑽孔時才不會有撕裂的情形。這裡為了讓 4mm 的螺紋能順利通過，可以鑽 5mm 的孔。

15

從背後鑽能讓螺絲釘尾端進入的孔，需要鑽比 8mm 大的孔，這裡是鑽 10mm，讓螺絲釘在裡面有裕度，可以容許誤差。鑽孔時必須設定好深度，留下約 1cm 的厚度。

16

現在螺絲釘可以很順利的穿過，並凸出約 2cm 來鎖住層板。

17

鎖層板的洞製作好了，現在換製作鎖牆壁的洞。在垂直支架的頭尾兩端，用角尺畫上洞的位置。

18

測量高張力螺絲的尺寸，跟前述的做法相同。

19

在鑽魚眼洞時，最困難的就是如何定位兩次鑽孔的位置。若先鑽小孔，大的孔會失去中心點。建議先鑽大的孔，可以留下痕跡定位喔！

20

把書架假組合後，用剛剛的剩料再取一段來做支撐桿。在書架上比對長度並切下。

21

選用沙拉刀，此為專門用來製作可以埋螺絲頭的鑽頭。

22

鑽好後會留下一個錐形孔，可以讓螺絲頭埋入。

23

六個支撐桿都準備好囉！

24

該加工的部分都完成了，可以用震動砂紙機來打磨表面。

25

準備開始進行組裝。測量螺絲釘的軸心尺寸，這裡測量約 3mm，所以層板必須預先鑽好 3mm 的孔洞，避免螺絲釘鎖下去時將層板撐裂。

26

將垂直支架和層板組合好後，從垂直支架的孔鑽洞到層板裡，深度與螺絲釘長度相同。

27

每鑽好一個孔就鎖一個螺絲釘。

28

鎖支撐桿時，同樣要預先鑽孔，並確認垂直支架和層板間的垂直度。

29

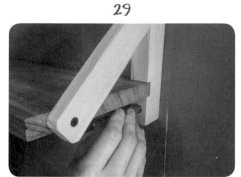

鎖上牆時，先用鉛筆通過洞口，在牆壁做好記號。

最後用水平尺確認水平。

FINISH
MORE DOZEN
HAND MADE

後 記
WOODY

使用 L 形輔助板製作卯口會比製作鞋架的方式更精準。剛好家裡的書沒地方放了，趁著這次給自己做一個書架，捨棄精密的測量和計算，用很直覺的方式製作才不會神經緊繃，像是隨手拿本書來決定層板的間距，有時候邊做邊修改，木工其實可以很輕鬆自然。

CHAPTER
5

留給孩子
的
木作時間

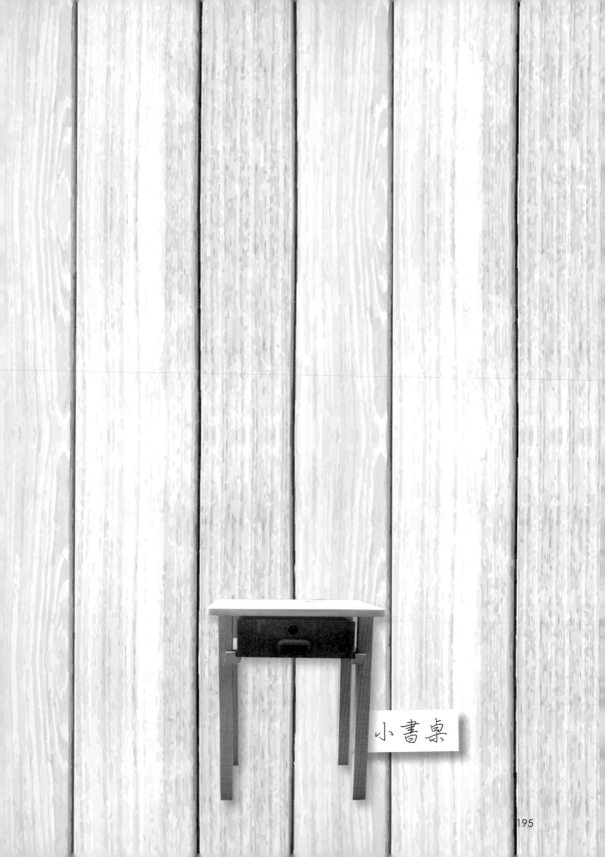

小書桌

20

小 刺 蝟

我們家的小朋友最喜歡到
工作室裡玩木屑,機器開
啓時的聲音會讓她們嚇得
跑出去,停機時又再跑進
來玩,為了讓孩子們也能
體驗手作樂趣,我們一起
去公園裡撿拾不同粗細的
樹枝,搭配沒有噪音的鋸
子和手搖鑽來製作可愛的
小動物。

挑選各種粗細的樹枝（3cm～3mm不等）

鉛筆、手搖鑽、折合鋸、夾背鋸、白紙、雕刻小刀、
錐子

1

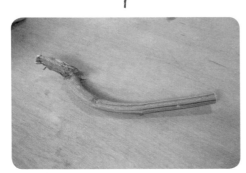

撿回來的樹枝中，這根彎彎的很特別，想像它
能做出什麼造型呢？

2

先把不需要的部分鋸掉。

3

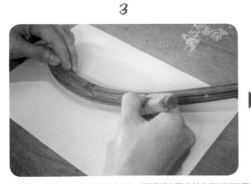　▶　

在紙上描繪出樹枝的外型，再和孩子討論哪裡要畫眼睛，哪裡要裝上腳。

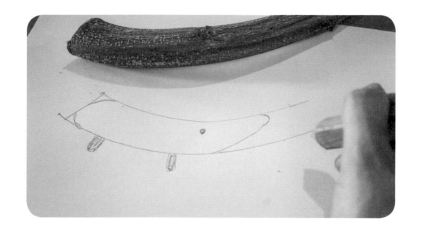

4

畫好之後，照著設計圖將多餘的部分鋸掉。

5

粗略將外型鋸下來。

6

用小刀削出刺蝟的臉，可以參考前面拆信刀
（P.84）的作法喔！

7

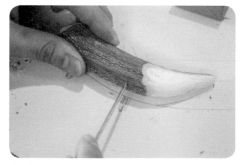

造型削好後，可以用錐子在要做腳的位置刺上
記號。

8

手搖鑽裝上和樹枝差不多粗的鑽頭,將刺蝟身體固定好後,慢慢旋轉手搖鑽的手柄,大約是三秒鐘轉一圈的速度即可。

9

四隻腳都鑽好後,插入要當作腳的樹枝,並用鉛筆畫出腳長的記號。

10

照著記號將樹枝鋸斷。因為是很細的樹枝,可以換細目(鋸齒比較密)的鋸子來處理。

11

腳處理完後,接著換上 2mm 的鑽頭,鑽一些要插小樹枝的洞。

12

將小樹枝剪成適當的長度,插入刺蝟身上的洞。

13

可以用壓克力顏料畫上眼睛和嘴巴。

1. 初次使用手搖鑽,可以先在不要的木頭上鑽洞練習看看喔!

2. 年齡越大的孩子可以參與更多的製作過程,使用手搖鑽時也可以
   由大人扶著,讓小孩旋轉手柄。

 小書桌

最近家中小朋友開始會拿紙箱收拾自己的玩具,以及喜歡畫畫了。於是我們做了一張有抽屜的小桌子,讓她們不僅可以有收藏彩色筆和圖畫紙的收納空間,並享受在專屬的桌子上畫畫。

材料

舊抽屜一個、角材數根（桌腳 ×4、滑軌 ×2、背面支撐
桿 ×1）、桌面板材（尺寸可依需求而定）、螺絲釘

工具

修邊機及修邊桌、T 形修邊刀（6mm）、切斷機、
圓鋸機、直角尺、C 形夾、F 形夾、木工膠、電鑽、
沙拉刀、後鈕刀、手持砂帶機、游標卡尺、捲尺

 第一階段：製作桌腳

1

首先準備一個適當大小的舊抽屜，桌面的尺寸
會比抽屜大一點點。

2

決定桌腳的長度，需要四支一樣長的桌腳。桌
子的高度是桌腳加上桌面的厚度。

3

使用切斷機時，可將四支桌腳排列在一起切斷。

4

準備製作兩條抽屜的滑軌，長度比抽屜的深度
約再長 5 ～ 10cm。

5

接下來的步驟，需要使用修邊桌（P.19）。將帶有培林的 T 形刀裝上。

6

切削的深度約為 5mm，靠著培林從頭到尾切削一遍。

7

第二刀，將切削的深度再調高 5mm，需與第一刀稍微重疊在一起，修出來的邊才會平順，不然會有一條痕跡。在製作相同尺寸的零件時，可以先全部經過第一刀後，再全部進行第二刀的加工，避免調整刀具深度時的誤差。

8

製作好滑軌後，與抽屜一起擺上桌腳看看，抽屜需與桌面之間預留約 1cm 的間隙。在桌腳上畫好滑軌位置的記號。

9

利用直角尺將記號轉移到其他桌腳上。

10

使用在書架篇製作的 L 形輔助板（P.186），一
側對齊滑軌的位置，另一側夾緊滑軌後再用 C
形夾夾緊。

11

L 形輔助板夾緊後，將滑軌取出。如果發現修邊機加工時，會把木材邊緣撕裂，可再多夾一塊不要的木
頭於切削的部位支撐，以減少撕裂情況。

12

使用後鈕刀沿著輔助板邊緣開始切削，深度到桌腳的三分之一處。

13

桌腳都做好後，將滑軌與抽屜裝上假組合。

14

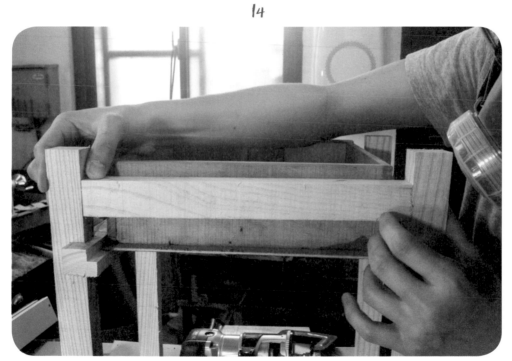

切一段角材，長度是兩支桌腳間的距離，需保留一點空隙給抽屜，不要把抽屜卡住了。這段橫桿是連接左右兩側的主要結構，並可以在桌子後面擋住抽屜。

15

在桌腳上做好橫桿位置的記號，準備用螺絲將橫桿與兩側桌腳固定。

16

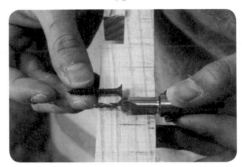

用沙拉刀鑽出適合螺絲的深度。

17

利用沙拉刀鑽出的孔，在橫桿上也鑽出預留給螺絲的孔。若沒有預先鑽孔，螺絲將很難鎖上，或是會將木材撐裂。

18

將滑軌與桌腳用木工膠膠合後，利用 C 形夾固定並與橫桿鎖緊。

19

在膠合時，以直角尺確認桌腳是否有垂直，如果沒有垂直，請鬆開 C 形夾做調整。

第二階段：製作桌面

1

Tips. 太薄的木板不適合
此加工方式。

準備一條寬約 15cm，厚約 1.5cm 以上的木板，
並切下桌面所需的長度。

2

木板拼起來後的長寬需大於桌腳的間距。這裡
以 3 片木板的拼接為例。

3

使用修邊桌來進行加工，裝上與先前相同的 T
形修邊刀。深度調整至木板的中央處。因為加
工的位置不是在正中間，所以木板會有正反面
之分，請多加留意。

4

這次的切削不是從頭到尾，
所以先在木板邊緣預留一段
空間後再開始切削。可以在
桌面畫上「開始」的記號。

5

切削到最後的樣子，在切削結束後畫上結尾的「停止」記號。其他兩塊板子也依照同樣的記號加工，而中間的板子需要在兩側都加工。

6

用游標卡尺測量加工出來的溝槽深度，確認榫接需要的木片寬度。

7

用圓鋸機切下兩片 6mm 厚的木板，因為溝槽兩側是弧形，所以木片的長度會比溝槽短。這裡需要比較精確的厚度，要能確實卡緊在溝槽中。可以用砂紙磨到適合的厚度。

8

將舌片插入凹槽中，突出的木片寬度需略小於溝槽深度約 2mm 左右，如果太剛好可能會讓木板無法緊密接合。

9

還沒上膠前，可以先假組合，檢查木板是否能緊密接合，不會有縫隙。

10

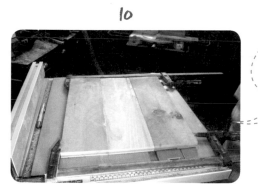

Tips. 請注意挾持的位置，不要讓木板彎曲了。

如果確認沒問題，就可以上膠，並利用 F 形夾夾緊。膠合時間至少需要 24 小時。

11

桌面可能會有溢出的殘膠或是不平整處，用手持砂帶機磨平的效率最高。桌面的銳角在這時可用砂紙磨除。

1

將桌腳倒放在桌面上，並調整位置到正中間。

2

在桌面上做好桌腳位置的記號。

3

在記號中間畫好要鑽孔的中心點。

4

桌面上鑽好預留給螺絲的孔洞後，與桌腳鎖緊固定。

後　記

WOODY

　　由於平常蒐集的舊木料中，很少有大面積的板材，製作有抽屜的桌子時，為了節省材料，所以設計了這種只有骨架的桌子。如果有許多同樣寬度的舊抽屜，也可以利用相同的方式製作成櫃子。若沒有修邊桌，也可以用手持修邊機的方式製作，但製作時會比較不方便或是晃動。

22

字母與數字

只需利用簡單的工具就能為孩子製作安全無毒的木作玩具。不論是字母或數字，甚至是各種形狀的圖案皆可動手完成喔！透過巧思，在其背後加上磁鐵就能吸在冰箱上囉！

約 10mm～5mm 厚的實木木片或夾板，一塊厚約 2cm
的木板，直徑 5 mm、厚 2mm 的磁鐵

工具

折合鋸、弓形鋸、手搖鑽、C 形夾、4.9mm 的金工鑽頭、
木工膠、雙面膠

1

將厚度約 2cm 的木板一端以 C 形夾固定在桌面
上，並以折合鋸鋸出一個 V 形缺口。

2

V 形缺口完成後，我們將在這個缺口上使用弓形
鋸來切割字母，此缺口能讓弓形鋸更容易操作。

3

接著用電腦印出文字圖形，並將紙張剪下後以雙
面膠黏貼在木片上。木片厚度選擇在 10mm～
5mm 間，太厚會不容易鋸，太薄則容易斷裂。
也可將圖形直接畫在木片上。

4

將木片置於 V 形缺口上，再以弓形鋸沿著外型
鋸開。鋸條必須與木片垂直，不然木片下方鋸
出來的形狀會和上方看到的不同。請盡量分多
段鋸開，若想一刀到底鋸開可能會受到挫折。

5

以字母 B 為例，鋸完下半部的弧形後，退出鋸
條再鋸上半部。

6

在兩個弧形交接處當做結尾。

7

將木片放置在平整的木板上，使用手搖鑽在字
母 B 中間鑽孔，孔的大小能讓鋸條穿過即可。

8

鬆開鋸條，讓鋸條穿過字母中間的孔後再鎖緊
鋸條。

9

木片靠在 V 形缺口上時，能夠很輕鬆地處理細
微的切割。

10

完成切割後，可以把紙和雙面膠撕掉。若是用
鉛筆畫線，可以直接以砂紙磨除。

11

用 120 號砂紙將字母邊緣多餘的木材纖維磨掉,並稍微修整外型。

12

若要裝磁鐵,可用 4.9mm 的金工鑽頭鑽孔後將磁鐵塞入,鑽孔深度可以比磁鐵厚度再多 1 ~ 2mm。因磁鐵比孔洞還要大一些,所以可緊密嵌入而毋須上膠。

13

塞好磁鐵的樣子。

14

也可在切好的數字或字母下方黏一塊方形木片,以讓孩子們可以理解這些形狀擺放的方向。

15

黏在長條形木片上後,再決定要切下多大尺寸,因為每個字母或數字的寬度不一,這樣的順序比較不會出錯。

16

木片放在砂紙上將邊緣磨平後就完成囉!

弓形鋸是非常適合入門的工具，但像是這類型的作品，可以使用桌上型線鋸機來製作，會更為輕鬆和迅速。

作品工具索引　　　（此索引表提供本書內容所需的工具，製作項目順序是依照製作難易度排列，建議可依照

工具／頁碼	書籤 P.80	木籤 P.34	筷架 P.40	拆信刀 P.84	拼圖杯墊 P.46	飯匙 P.52	花器 P.96	原木椅 P.112	小刺蝟 P.196	茶几 P.88
切割用木板		●	●	●					●	
鐵鎚										●
斜口鉗										●
十字螺絲起子										
一字螺絲起子										
C形夾						●				
F形夾										
角尺										
直尺					●			●		
游標卡尺										
捲尺										
洞洞尺								●		
水平尺										
圓規										
鑿刀						●	●			
雕刻小刀		●	●	●				●	●	
折合鋸		●		●		●	●		●	●
夾背鋸		●							●	
弓形鋸						●			●	
手搖鑽									●	
4.9mm 金工鑽頭										
錐子									●	
虎鉗										
木工膠								●		
雙面膠					●					
電氣膠帶							●			
砂紙	●		●		●	●	●			
電烙鐵＋焊錫										
銅刷										
修邊機										
沙拉刀										●
鳩尾榫刀										
圓弧清底刀										
後鈕刀										
T形刀										
電鑽								●		●
震動砂紙機					●	●				●
手持線鋸機										
手持砂輪機										
線鋸機					●	●				
圓鋸機										
車床										
砂帶機						●				
帶鋸機										
切斷機										
圓盤砂紙機										
鑽床										
手持砂帶機										

這個表的順序練習喲！）

信插	置物盤	發票盒	木碗	鍋具把手	鞋架	層板架	小書桌	字母數字	時鐘	書架	檯燈
P.170	P.164	P.156	P.70	P.60	P.136	P.146	P.202	P.214	P.102	P.180	P.120
					●						
										●	●
	●		●			●				●	
●							●		●	●	
	●				●	●	●		●	●	●
			●		●	●				●	●
		●			●						●
●			●				●		●		
				●	●		●				
		●			●						●
●	●					●	●		●		●
	●				●	●					●
			●						●	●	
●	●					●	●		●	●	●
						●	●			●	●
●									●		
	●										
							●		●	●	
							●				
			●	●	●	●	●		●	●	
					●						
					●						
●	●	●							●		●
●		●					●			●	●
			●	●							●
●	●	●	●	●		●			●		●
			●			●			●	●	●
		●	●		●	●	●			●	●
		●									●
					●		●		●	●	●
							●				

國家圖書館出版品預行編目 (CIP) 資料

木子到森的木質手感生活 ／ 李易達著 -- 初版.
-- 台中市：晨星, 2017.9
　面；　公分 . --（自然生活家；30）
ISBN 978-986-443-293-6(平裝)

1. 木工 2. 工藝設計

474　　　　　　　　　　　106010219

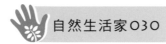 自然生活家030

木子到森的木質手感生活

作者	李易達
攝影	高薇婷
主編	徐惠雅
執行主編	許裕苗
版面設計	許裕偉
選題企劃	許裕苗

創辦人	陳銘民
發行所	晨星出版有限公司
	台中市 407 工業區三十路 1 號
	TEL：04-23595820　FAX：04-23550581
	E-mail：service@morningstar.com.tw
	http：// www.morningstar.com.tw
	行政院新聞局局版台業字第 2500 號
法律顧問	陳思成律師
初版	西元 2017 年 9 月 23 日
郵政劃撥	22326758（晨星出版有限公司）
讀者服務專線	04-23595819#230
印刷	上好印刷股份有限公司

定價 380 元
ISBN 978-986-443-293-6

Published by Morning Star Publishing Inc.
Printed in Taiwan

◆ 讀者回函卡 ◆

以下資料或許太過繁瑣，但卻是我們了解你的唯一途徑，
誠摯期待能與你在下一本書中相逢，讓我們一起從閱讀中尋找樂趣吧！

姓名：＿＿＿＿＿＿＿＿＿＿＿＿　性別：□ 男　□ 女　生日：　　／　　　／

教育程度：＿＿＿＿＿＿＿＿＿＿

職業：□ 學生　　　　□ 教師　　　　□ 內勤職員　　　□ 家庭主婦
　　　□ 企業主管　　□ 服務業　　　□ 製造業　　　　□ 醫藥護理
　　　□ 軍警　　　　□ 資訊業　　　□ 銷售業務　　　□ 其他＿＿＿＿＿

E-mail：（必填）＿＿＿＿＿＿＿＿＿＿　聯絡電話：（必填）＿＿＿＿＿

聯絡地址：（必填）□□□＿＿＿＿＿＿＿＿＿＿＿＿＿＿＿＿＿＿＿＿

購買書名： 木子到森的木質手感生活

· **誘使你購買此書的原因？**

□ 於 ＿＿＿＿＿ 書店尋找新知時　□ 看 ＿＿＿＿＿ 報時瞄到　□ 受海報或文案吸引

□ 翻閱 ＿＿＿＿＿ 雜誌時　□ 親朋好友拍胸脯保證　□ ＿＿＿＿＿ 電台 DJ 熱情推薦

□ 電子報的新書資訊看起來很有趣　□對晨星自然 FB 的分享有興趣　□瀏覽晨星網站時看到的

□ 其他編輯萬萬想不到的過程：＿＿＿＿＿＿＿＿＿＿＿＿＿＿＿＿＿＿＿

· **本書中最吸引你的是哪一篇文章或哪一段話呢？** ＿＿＿＿＿＿＿＿＿＿＿＿

· **你覺得本書在哪些規劃上需要再加強或是改進呢？**

□ 封面設計＿＿＿＿＿　　□ 尺寸規格＿＿＿＿＿　　□ 版面編排＿＿＿＿＿

□ 字體大小＿＿＿＿＿　　□ 內容＿＿＿＿＿　　□ 文／譯筆＿＿＿＿＿　□ 其他＿＿＿

· **下列出版品中，哪個題材最能引起你的興趣呢？**

台灣自然圖鑑：□植物 □哺乳類 □魚類 □鳥類 □蝴蝶 □昆蟲 □爬蟲類 □其他＿＿＿＿

飼養＆觀察：□植物 □哺乳類 □魚類 □鳥類 □蝴蝶 □昆蟲 □爬蟲類 □其他＿＿＿＿

台灣地圖：□自然 □昆蟲 □兩棲動物 □地形 □人文 □其他＿＿＿＿

自然公園：□自然文學 □環境關懷 □環境議題 □自然觀點 □人物傳記 □其他＿＿＿＿

生態館：□植物生態 □動物生態 □生態攝影 □地形景觀 □其他＿＿＿＿

台灣原住民文學：□史地 □傳記 □宗教祭典 □文化 □傳說 □音樂 □其他＿＿＿＿

自然生活家：□自然風 DIY 手作 □登山 □園藝 □農業 □自然觀察 □其他＿＿＿＿

· **除上述系列外，你還希望編輯們規畫哪些和自然人文題材有關的書籍呢？** ＿＿＿＿＿

· **你最常到哪個通路購買書籍呢？** □博客來 □誠品書店 □金石堂 □其他＿＿＿＿＿

很高興你選擇了晨星出版社，陪伴你一同享受閱讀及學習的樂趣。只要你將此回函郵寄回本社，

我們將不定期提供最新的出版及優惠訊息給你，謝謝！

若行有餘力，也請不吝賜教，好讓我們可以出版更多更好的書！

· **其他意見：** ＿＿＿＿＿＿＿＿＿＿＿＿＿＿＿＿＿＿＿＿＿＿＿＿＿＿

晨星出版有限公司 編輯群，感謝你！

請填妥後對折裝訂，直接投郵即可，免貼郵票。

廣告回函
台灣中區郵政管理局
登記證第 267 號
免貼郵票

晨星出版有限公司　收

地址：407 台中市工業區三十路 1 號
贈書洽詢專線：04-23595820*112　傳真：04-23550581

請填妥後對折裝訂，直接投郵即可，免貼郵票。